KB090545

New Basic
Western Cuisine

최신 기초서양조리

임성빈 저

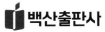

서양조리의 필요성

음식 만드는 사람을 조리사라 하지만 이제 나는 21세기의 조리사는 단순한 직업인이 아니라 과학적 · 체계적 · 합리적인 지식을 바탕으로 한 실용 학문분야에서 활동하는 만능 엔터테이너라 칭하고 싶다.

한 접시의 요리가 인간의 기본적인 욕구인 식욕만 채우는 것이라고 한다면 이젠 그런 고정관념에서 벗어나야 할 시기라고 생각한다.

이미 고대 페르시아인들이 세계 최초의 요리경진대회를 개최하여 최우수자에게는 수천 냥의 황금을 주고 여러 가지 요리를 개발한 사람에게는 많은 상금을 주었다. 그리스에는 유명한 조리장이 많았으며, 로마와 프랑스로 조리법이 전수되었다.

프랑스 요리는 신선하고 우수한 음식의 재료, 재능 있는 요리사, 간단하고 예술적이며 완전한 표현양식, 미묘하고 균형있는 맛, 감상할 줄 아는 고객 등과 같이 완벽하게 구성된 조건들이 모여서 이루어졌다.

이렇듯 한 접시의 요리가 탄생하기까지 수많은 역사와 유래를 전부 나열하기는 힘들다.

최근에는 전 세계적으로 조리학교가 많이 생겨났고 전문적으로 지도하는 대학도 예전과는 비교가 안 될 정도로 많아져 이제 젊고 부지런하고 유능한 조리사들이 음식문화를 이끌어가고 있다. 그만큼 지식의 축적속도가 빨라졌다는 것이고 이에 따라 조리의 발전도 첨단을 달리고 있다.

즉 현대의 조리사는 과거의 조리사와는 비교가 안 된다. 예전의 조리사는 주어진 공간의 근무환경하에서 주어진 일만 충실히 하는 존재였다.

그러나 현대의 조리사는 조리만 해서는 조리사가 될 수 없는 게 현실이다. 즉 조리와 관련된 모든 정보를 확보하고 지식을 갖춤은 물론 이를 응용하고 활용할 능력이 있어야 한다는 것이다. 과학적이면서도 급속도로 발전해 나가는 속도를 인간의 능력으로는 따라가기 힘든 상황이 지속될 것이 틀림없기 때문에 이런 시대에 알맞은 조리사는 가히 만능 엔터테이너가 되어야만 한다는 것이다.

고객의 심리와 모든 요리의 섬세한 부분까지의 파악은 기본이고 음식을 그저 만들어서 파는 장사가 아닌 경영철학을 갖춘 경영마인드까지 갖추어야 한다는 것이다.

조리가 그저 한 접시의 요리를 만들어 팔면 된다고 쉽게 생각할지 모르지만 한 접시의 요리를 만들기까지 얼마나 많은 사고와 번뇌를 하는지 알아야 하고 그걸 아는 고객이야말로 고객으로서 대접받을 수 있다는 것이다.

조리사란 참 힘든 직업이라고 생각한 적이 한두 번이 아니다. 국내 최초로 기능장에 합격하여 매스컴에 오르내릴 때 많은 사람들이 질문을 하였다. 어떻게 그렇게 될 수 있었느냐고. 앞에서도 말했듯이 남이 하는 일을 쉽게 생각하지 말라고 말하고 싶다. 기능의 장인이 되는 것보다 힘든 것은 장인이 되고 난 후라고 말하고 싶다.

훌륭한 조리사가 되는 것, 만능 엔터테이너가 되는 것은 하루아침에 이루어지는 것이 아니라 수년간 끊임없이 연구하고 학문을 닦을 때 비로소 가능해지는 것이다.

즉 조리사란 자신이 만드는 요리에 철학과 혼을 담아 생명을 유지시키는 역할을 하는 사람이라고 감히 말하고 싶다.

보이지 않는 곳에서 건강을 지켜주고 묵묵히 봉사하고 자신을 희생함으로써 모든 사람을 건강하게 살 수 있게 해주는 서비스맨, 그는 생명을 다루는 예술가라고 말하고 싶다.

1992년 No.1 조리기능장
임 성 빈

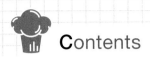

Contents

제1부   NCS 최신 기초서양조리 실무

제2부   NCS 양식조리 학습모듈

전채 *Appetizer*

스톡 *Stock*

수프 *Soup*

NCS 학습모듈의 이해

■ NCS 학습모듈이란?

NCS 학습모듈은 NCS의 능력단위를 교육훈련에서 학습할 수 있도록 구성한 '교수 · 학습 자료'이다. 즉, NCS 학습모듈은 구체적 직무를 학습할 수 있도록 이론 및 실습과 관련된 내용을 상세하게 제시하고 있다.

● NCS 학습모듈

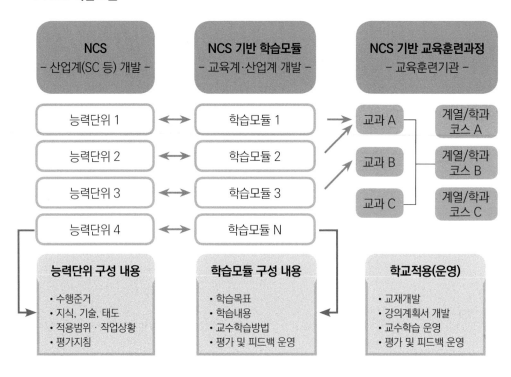

NCS 학습모듈은 NCS 능력단위를 활용하여 개발한 교수 · 학습 자료로 고교, 전문대학, 대학, 교육훈련기관, 기업체 등에서 NCS를 활용하여 교육과정을 설계함으로써 체계적으로 교육훈련과정을 운영할 수 있고, 이를 통해 산업현장에서 필요로 하는 실무형 인재를 양성할 수 있다.

● NCS와 NCS 학습모듈의 연결체제

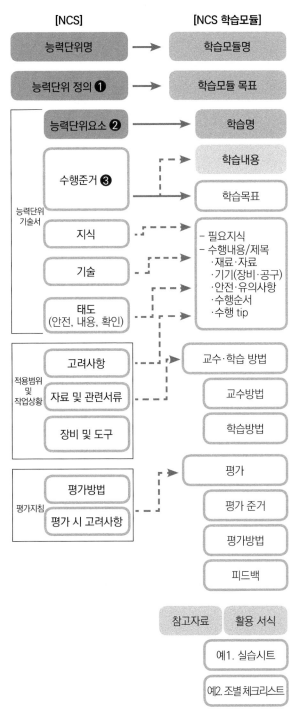

① 능력단위란

특정 직무에서 업무를 성공적으로 수행하기 위하여 요구되는 능력을 교육훈련 및 평가가 가능한 기능 단위로 개발한 것입니다.

② 능력단위요소란

해당 능력단위를 구성하는 중요한 범위 안에서 수행하는 기능을 도출한 것입니다.

③ 수행준거란

각 능력단위요소별로 능력의 성취여부를 판단하기 위해 개인들이 도달해야 하는 수행의 기준을 제시한 것입니다.

양식조리기능사 시험 준비

1. 원서접수 및 시행

접수방법: 온라인(인터넷, 모바일앱) 접수만 가능

원서접수 홈페이지: www.q-net.or.kr

접수시간: 원서접수 첫날 10:00부터 마지막날 18:00까지

합격자 발표: 인터넷 게시 공고

2. 시험과목

필기: 양식 재료관리, 음식조리 및 위생관리

실기: 양식조리 실무

3. 검정방법

필기: 객관식 4지 택일형, 60문항(60분)

실기: 작업형(70분 정도)

4. 합격 기준

필기 · 실기: 100점 만점에 60점 이상

5. 응시자격

응시자격 제한 없음

6. 필기시험수험자 지참물(CBT시험)

수험표(www.q-net.or.kr에서 출력), 신분증, 필기구(흑색 싸인펜 등) 지참

7. 실기시험수험자 지참준비물(신분증 및 아래의 조리도구)

번호	재료명	규격	단위	수량	비고
1	가위	–	EA	1	
2	강판	–	EA	1	
3	거품기(whipper)	수동	EA	1	자동 및 반자동 사용 불가
4	계량스푼	–	EA	1	
5	계량컵	–	EA	1	
6	국대접	기타 유사품 포함	EA	1	
7	국자	–	EA	1	
8	냄비	–	EA	1	시험장에도 준비되어 있음
9	다시백	–	EA	1	
10	도마	흰색 또는 나무도마	EA	1	시험장에도 준비되어 있음
11	뒤집개	–	EA	1	
12	랩	–	EA	1	
13	마스크	–	EA	1	*위생복장(위생복·위생모·앞치마, 마스크)을 착용하지 않을 경우 채점대상에서 제외(실격)됩니다
14	면포/행주	흰색	장	1	
15	밥공기	–	EA	1	
16	볼(bowl)	–	EA	1	시험장에도 준비되어 있음
17	비닐팩	위생백, 비닐봉지 등 유사품 포함	장	1	
18	상비의약품	손가락골무, 밴드 등	EA	1	
19	쇠조리(혹은 체)	–	EA	1	
20	숟가락	차스푼 등 유사품 포함	EA	1	
21	앞치마	흰색(남녀 공용)	EA	1	*위생복장(위생복·위생모·앞치마, 마스크)을 착용하지 않을 경우 채점대상에서 제외(실격)됩니다
22	위생모	흰색	EA	1	
23	위생복	상의-흰색/긴소매, 하의-긴바지(색상 무관)	벌	1	
24	위생타월	키친타월, 휴지 등 유사품 포함	장	1	
25	이쑤시개	산적꼬치 등 유사품 포함	EA	1	
26	접시	양념접시 등 유사품 포함	EA	1	
27	젓가락		EA	1	나무젓가락 필수 지참(오믈렛용)

번호	재료명	규격	단위	수량	비고
28	종이컵	–	EA	1	
29	종지	–	EA	1	
30	주걱	–	EA	1	
31	집게	–	EA	1	
32	채칼(box grater)	–	EA	1	시저샐러드용으로만 사용 가능
33	칼	조리용 칼, 칼집 포함	EA	1	
34	테이블스푼	–	EA	2	필수지참, 숟가락으로 대체 가능
35	호일	–	EA	1	
36	프라이팬	-	EA	1	시험장에도 준비되어 있음

※ 지참준비물의 수량은 최소 필요수량으로 수험자가 필요시 추가 지참 가능합니다.
※ 지참준비물은 일반적인 조리용을 의미하며, 기관명, 이름 등 표시가 없는 것이어야 합니다.
※ 지참준비물 중 수험자 개인에 따라 과제를 조리하는 데 불필요하다고 판단되는 조리기구는 지참하지 않아도 됩니다.
※ 지참준비물 목록에는 없으나 조리에 직접 사용되지 않는 조리 주방용품(예, 수저통 등)은 지참 가능합니다.
※ 수험자 지참준비물 이외의 조리기구를 사용한 경우 채점대상에서 제외(실격)됩니다.
※ 위생상태 세부기준은 큐넷 – 자료실 – 공개문제에 공지된 "위생상태 및 안전관리 세부기준"을 참조하시기 바랍니다.

8. 위생상태 및 안전관리 세부기준 안내

순번	구분	세부기준
1	위생복 상의	• 전체 흰색, 손목까지 오는 긴소매 – 조리과정에서 발생 가능한 안전사고(화상 등) 예방 및 식품위생(체모 유입방지, 오염도 확인 등) 관리를 위한 기준 적용 – 조리과정에서 편의를 위해 소매를 접어 작업하는 것은 허용 – 부직포, 비닐 등 화재에 취약한 재질이 아닐 것, 팔토시는 긴팔로 불인정 • 상의 여밈은 위생복에 부착된 것이어야 하며 벨크로(일명 찍찍이), 단추 등 크기, 색상, 모양, 재질은 제한하지 않음(단, 금속성은 제외)
2	위생복 하의	• 색상 · 재질 무관, 안전과 작업에 방해가 되지 않는 발목까지 오는 긴바지 – 조리기구 낙하, 화상 등 안전사고 예방을 위한 기준 적용
3	위생모	• 전체 흰색, 빈틈이 없고 바느질 마감처리가 되어 있는 일반 조리장에서 통용되는 위생모(모자의 크기, 길이, 모양, 재질(면 · 부직포 등)은 무관)
4	앞치마	• 전체 흰색, 무릎 아래까지 덮이는 길이 – 상하일체형(목끈형) 가능, 부직포 · 비닐 등 화재에 취약한 재질이 아닐 것
5	마스크	• 침액을 통한 위생상의 위해 방지용으로 종류는 제한하지 않음 (단, 감염병 예방법에 따라 마스크 착용 의무화 기간에는 '투명 위생 플라스틱 입가리개'는 마스크 착용으로 인정하지 않음)
6	위생화 (작업화)	• 색상 무관, 굽이 높지 않고 발가락 · 발등 · 발뒤꿈치가 덮여 안전사고를 예방할 수 있는 깨끗한 운동화 형태
7	장신구	• 일체의 개인용 장신구 착용 금지(단, 위생모 고정을 위한 머리핀 허용)

순번	구분	세부기준
8	두발	• 단정하고 청결할 것, 머리카락이 길 경우 흘러내리지 않도록 머리망을 착용하거나 묶을 것
9	손/손톱	• 손에 상처가 없어야 하나, 상처가 있을 경우 보이지 않도록 할 것(시험위원 확인하에 추가 조치 가능) • 손톱은 길지 않고 청결하며 매니큐어, 인조손톱 등을 부착하지 않을 것
10	폐식용유 처리	• 사용한 폐식용유는 시험위원이 지시하는 적재장소에 처리할 것
11	교차오염	• 교차오염 방지를 위한 칼, 도마 등 조리기구 구분 사용은 세척으로 대신하여 예방할 것 • 조리기구에 이물질(예, 청테이프)을 부착하지 않을 것
12	위생관리	• 재료, 조리기구 등 조리에 사용되는 모든 것은 위생적으로 처리하여야 하며, 조리용으로 적합한 것일 것
13	안전사고 발생 처리	• 칼 사용(손 빔) 등으로 안전사고 발생 시 응급조치를 하여야 하며, 응급조치에도 지혈이 되지 않을 경우 시험진행 불가
14	부정 방지	• 위생복, 조리기구 등 시험장 내 모든 개인물품에는 수험자의 소속 및 성명 등의 표식이 없을 것(위생복의 개인 표식 제거는 청테이프로 부착 가능)
15	테이프 사용	• 위생복 상의, 앞치마, 위생모의 소속 및 성명을 가리는 용도로만 허용

※ 위 내용은 안전관리인증기준(HACCP) 평가(심사) 매뉴얼, 위생등급 가이드라인 평가 기준 및 시행상의 운영사항을 참고하여 작성된 기준입니다.

9. 위생상태 및 안전관리에 대한 채점기준 안내

위생 및 안전 상태	채점기준
1. 위생복(상/하의), 위생모, 앞치마, 마스크 중 한 가지라도 미착용한 경우 2. 평상복(흰티셔츠, 와이셔츠), 패션모자(흰털모자, 비니, 야구모자) 등 기준을 벗어난 위생복장을 착용한 경우	실격 (채점대상 제외)
3. 위생복(상/하의), 위생모, 앞치마, 마스크를 착용하였더라도 • 무늬가 있거나 유색의 위생복 상의 · 위생모 · 앞치마를 착용한 경우 • 흰색의 위생복 상의 · 앞치마를 착용하였더라도 부직포, 비닐 등 화재에 취약한 재질의 복장을 착용한 경우 • 팔꿈치가 덮이지 않는 짧은 팔의 위생복을 착용한 경우 • 위생복 하의의 색상, 재질은 무관하나 짧은 바지, 통이 넓은 힙합스타일, 타이츠, 치마 등 안전과 작업에 방해가 되는 복장을 착용한 경우 • 위생모가 뚫려 있어 머리카락이 보이거나, 수건 등으로 감싸 바느질 마감처리가 되어 있지 않고 풀어지기 쉬워 일반 조리장용으로 부적합한 경우 4. 이물질(예, 테이프) 부착 등 식품위생에 위배되는 조리기구를 사용한 경우	'위생상태 및 안전관리' 점수 전체 0점

위생 및 안전 상태	채점기준
5. 위생복(상/하의), 위생모, 앞치마, 마스크를 착용하였더라도 　• 위생복 상의가 팔꿈치를 덮기는 하나 손목까지 오는 긴소매가 아닌 위생복(팔토시 착용은 긴소매로 불인정), 실험복 형태의 긴가운, 핀 등 금속을 별도 부착한 위생복을 착용하여 세부기준을 준수하지 않았을 경우 　• 테두리선, 칼라, 위생모 짧은 창 등 일부 유색의 위생복 상의·위생모·앞치마를 착용한 경우(테이프 부착 불인정) 　• 위생복 하의가 발목까지 오지 않는 8부바지 　• 위생복(상/하의), 위생모, 앞치마, 마스크에 수험자의 소속 및 성명을 테이프 등으로 가리지 않았을 경우 6. 위생화(작업화), 장신구, 두발, 손/손톱, 폐식용유 처리, 안전사고 발생처리 등 '위생상태 및 안전관리 세부기준'을 준수하지 않았을 경우 7. '위생상태 및 안전관리 세부기준' 이외에 위생과 안전을 저해하는 기타사항이 있을 경우	'위생상태 및 안전관리' 점수 일부 감점

※ 위 기준에 표시되어 있지 않으나 일반적인 개인위생, 식품위생, 주방위생, 안전관리를 준수하지 않을 경우 감점처리 될 수 있습니다.
※ 수도자의 경우 제복 + 위생복 상의/하의, 위생모, 앞치마, 마스크 착용 허용

10. 수험자 유의사항

1) 만드는 순서에 유의하며, 위생과 숙련된 기능평가를 위하여 조리작업 시 맛을 보지 않습니다.
2) 지정된 수험자 지참준비물 이외의 조리기구나 재료를 시험장 내에 지참할 수 없습니다.
3) 지급재료는 시험 전 확인하여 이상이 있을 경우 시험위원으로부터 조치를 받고 시험 중에는 재료의 교환 및 추가지급은 하지 않습니다.
4) 요구사항 및 지급재료의 규격은 "정도"의 의미를 포함하며, 재료의 크기에 따라 가감하여 채점됩니다.
5) 위생복, 위생모, 앞치마, 마스크를 착용하여야 하며, 시험장비·조리기구 취급 등 안전에 유의합니다.
6) 다음 사항은 실격에 해당하여 **채점 대상에서 제외**됩니다.
　가) 수험자 본인이 시험 도중 시험에 대한 포기 의사를 표현하는 경우
　나) 위생복, 위생모, 앞치마, 마스크를 착용하지 않은 경우
　다) 시험시간 내에 과제 두 가지를 제출하지 못한 경우
　라) 문제의 요구사항대로 과제의 수량이 만들어지지 않은 경우
　마) 완성품을 요구사항의 과제(요리)가 아닌 다른 요리(예, 달걀말이 → 달걀찜)로 만든 경우
　바) 불을 사용하여 만든 조리작품이 작품특성에 벗어나는 정도로 타거나 익지 않은 경우
　사) 해당과제의 지급재료 이외 재료를 사용하거나, 요구사항의 조리기구(석쇠 등)로 완성품을 조리하지 않은 경우

아) 지정된 수험자 지참준비물 이외의 조리기술에 영향을 줄 수 있는 기구를 사용한 경우

자) 가스레인지 화구를 2개 이상(2개 포함) 사용한 경우

차) 시험 중 시설 · 장비(칼, 가스레인지 등) 사용 시 시험위원 및 타 수험자의 시험 진행에 위해를 일으킬 것으로 시험위원 전원이 합의하여 판단한 경우

카) 요구사항에 표시된 실격 및 부정행위에 해당하는 경우

7) 항목별 배점은 위생상태 및 안전관리 5점, 조리기술 30점, 작품의 평가 15점입니다.

8) 시험시작 전 가벼운 몸 풀기(스트레칭) 동작으로 긴장을 풀고 시험을 시작합니다.

직무 분야	음식 서비스	중직무 분야	조리	자격 종목	양식조리기능사	적용 기간	2023. 1. 1.~2025. 12. 31.

- 직무내용 : 양식메뉴 계획에 따라 식재료를 선정, 구매, 검수, 보관 및 저장하며 맛과 영양을 고려하여 안전하고 위생적으로 음식을 조리하고 조리기구와 시설관리를 수행하는 직무이다.
- 수행준거 : 1. 음식조리 작업에 필요한 위생관련 지식을 이해하고, 주방의 청결상태와 개인위생·식품위생을 관리하여 전반적인 조리작업을 위생적으로 수행할 수 있다.
  2. 주방에서 일어날 수 있는 사고와 재해에 대하여 안전기준 확인, 안전수칙 준수, 안전예방 활동을 할 수 있다.
  3. 기본 칼 기술, 주방에서 업무수행에 필요한 조리기본 기능, 기본 조리방법을 습득하고 활용할 수 있다.
  4. 육류, 어패류, 채소류 등을 활용하여 양식조리에 사용되는 육수를 조리할 수 있다.
  5. 식욕을 돋우기 위한 요리로 육류, 어패류, 채소류 등을 활용하여 곁들여지는 소스 등을 조리할 수 있다.
  6. 각종 샌드위치를 조리할 수 있다.
  7. 어패류·육류·채소류·유제품류·가공식품류를 활용하여 단순 샐러드와 복합 샐러드, 각종 드레싱류를 조리할 수 있다.
  8. 어패류·육류·채소류·유제품류·가공식품류를 활용하여 조식 등에 사용되는 각종 조식요리를 조리할 수 있다.

실기검정방법	작업형	시험시간	70분 정도

실기과목명	주요항목	세부항목	세세항목
양식 조리 실무	1. 음식 위생관리	1. 개인위생 관리하기	1. 위생관리기준에 따라 조리복, 조리모, 앞치마, 조리안전화 등을 착용할 수 있다. 2. 두발, 손톱, 손 등 신체청결을 유지하고 작업수행 시 위생습관을 준수할 수 있다. 3. 근무 중의 흡연, 음주, 취식 등에 대한 작업장 근무수칙을 준수할 수 있다. 4. 위생관련법규에 따라 질병, 건강검진 등 건강상태를 관리하고 보고할 수 있다.
		2. 식품위생 관리하기	1. 식품의 유통기한·품질 기준을 확인하여 위생적인 선택을 할 수 있다. 2. 채소·과일의 농약 사용여부와 유해성을 인식하고 세척할 수 있다. 3. 식품의 위생적 취급기준을 준수할 수 있다. 4. 식품의 반입부터 저장, 조리과정에서 유독성, 유해물질의 혼입을 방지할 수 있다.
		3. 주방위생 관리하기	1. 주방 내에서 교차오염 방지를 위해 조리생산 단계별 작업공간을 구분하여 사용할 수 있다. 2. 주방위생에 있어 위해요소를 파악하고, 예방할 수 있다. 3. 주방, 시설 및 도구의 세척, 살균, 해충·해서 방제작업을 정기적으로 수행할 수 있다.

양식 조리 실무	1. 음식 위생관리	3. 주방위생 관리하기	4. 시설 및 도구의 노후상태나 위생상태를 점검하고 관리할 수 있다. 5. 식품이 조리되어 섭취되는 전 과정의 주방 위생상태를 점검하고 관리할 수 있다. 6. HACCP적용업장의 경우 HACCP관리기준에 의해 관리할 수 있다.
	2. 음식 안전관리	1. 개인안전 관리하기	1. 안전관리 지침서에 따라 개인 안전관리 점검표를 작성할 수 있다. 2. 개인안전사고 예방을 위해 도구 및 장비의 정리 정돈을 상시할 수 있다. 3. 주방에서 발생하는 개인 안전사고의 유형을 숙지하고 예방을 위한 안전수칙을 지킬 수 있다. 4. 주방 내 필요한 구급품이 적정 수량 비치되었는지 확인하고 개인 안전 보호 장비를 정확하게 착용하여 작업할 수 있다. 5. 개인이 사용하는 칼에 대해 사용안전, 이동안전, 보관안전을 수행할 수 있다. 6. 개인의 화상사고, 낙상사고, 근육팽창과 골절사고, 절단사고, 전기기구에 인한 전기 쇼크 사고, 화재사고와 같은 사고 예방을 위해 주의사항을 숙지하고 실천할 수 있다. 7. 개인 안전사고 발생 시 신속 정확한 응급조치를 실시하고 재발 방지 조치를 실행할 수 있다.
		2. 장비·도구 안전작업하기	1. 조리장비·도구에 대한 종류별 사용방법에 대해 주의사항을 숙지할 수 있다. 2. 조리장비·도구를 사용 전 이상 유무를 점검할 수 있다. 3. 안전 장비류 취급 시 주의사항을 숙지하고 실천할 수 있다. 4. 조리장비·도구를 사용 후 전원을 차단하고 안전수칙을 지키며 분해하여 청소할 수 있다. 5. 무리한 조리장비·도구 취급은 금하고 사용 후 일정한 장소에 보관하고 점검할 수 있다. 6. 모든 조리장비·도구는 반드시 목적 이외의 용도로 사용하지 않고 규격품을 사용할 수 있다.
		3. 작업환경 안전관리하기	1. 작업환경 안전관리 시 작업환경 안전관리 지침서를 작성할 수 있다. 2. 작업환경 안전관리 시 작업장 주변 정리 정돈 등을 관리 점검할 수 있다. 3. 작업환경 안전관리 시 제품을 제조하는 작업장 및 매장의 온·습도관리를 통하여 안전사고요소 등을 제거할 수 있다. 4. 작업장 내의 적정한 수준의 조명과 환기, 이물질, 미끄럼 및 오염을 방지할 수 있다.

양식 조리 실무	2. 음식 안전관리	3. 작업환경 안전관리하기	5. 작업환경에서 필요한 안전관리시설 및 안전용품을 파악하고 관리할 수 있다. 6. 작업환경에서 화재의 원인이 될 수 있는 곳을 자주 점검하고 화재진압기를 배치하고 사용할 수 있다. 7. 작업환경에서의 유해, 위험, 화학물질을 처리기준에 따라 관리할 수 있다. 8. 법적으로 선임된 안전관리책임자가 정기적으로 안전교육을 실시하고 이에 참여할 수 있다.
	3. 양식 기초 조리 실무	1. 기본 칼 기술 습득하기	1. 칼의 종류와 사용용도를 이해할 수 있다. 2. 기본 썰기 방법을 습득할 수 있다. 3. 조리목적에 맞게 식재료를 썰 수 있다. 4. 칼을 연마하고 관리할 수 있다.
		2. 기본 기능 습득하기	1. 조리기기의 종류 및 용도에 대하여 이해하고 설명할 수 있다. 2. 조리에 필요한 조리도구를 사용하고 종류별 특성에 맞게 적용 할 수 있다. 3. 계량법을 이해하고 활용할 수 있다. 4. 채소에 대하여 전처리 방법으로 처리할 수 있다. 5. 어패류에 대하여 전처리 방법으로 처리할 수 있다. 6. 육류에 대하여 전처리 방법으로 처리할 수 있다. 7. 양식조리의 요리별 스톡 및 소스를 용도에 맞게 만들 수 있다. 8. 양식 조리작업에 사용한 조리도구와 주방을 정리정돈할 수 있다.
		3. 기본 조리법 습득하기	1. 서양요리의 기본 조리방법과 조리과학을 이해할 수 있다. 2. 식재료에 맞는 건열조리를 할 수 있다. 3. 식재료에 맞는 습열조리를 할 수 있다. 4. 식재료에 맞는 복합가열조리를 할 수 있다. 5. 식재료에 맞는 비가열조리를 할 수 있다.
	4. 양식 스톡조리	1. 스톡재료 준비하기	1. 조리에 필요한 부케가니(Bouquet Garni)를 준비할 수 있다. 2. 스톡의 종류에 따라 미르포아(Mirepoix)를 준비할 수 있다. 3. 육류, 어패류의 뼈를 찬물에 담가 핏물을 제거할 수 있다. 4. 브라운스톡은 조리에 필요한 뼈와 부속물을 오븐에 구워서 준비할 수 있다.

양식 조리 실무	4. 양식 스톡조리	2. 스톡 조리하기	1. 찬물에 재료를 넣고 서서히 끓일 수 있다. 2. 끓이는 과정에서 불순물이나 기름이 위로 떠오르 면 걷어낼 수 있다. 3. 적절한 시간에 미르포아와 향신료를 첨가할 수 있다. 4. 지정된 맛, 향, 농도, 색이 될 때까지 조리할 수 있다.
		3. 스톡 완성하기	1. 조리된 스톡을 불순물이 섞이지 않게 걸러낼 수 있다. 2. 마무리된 스톡의 색, 맛, 투명감, 풍미, 온도를 통 해 스톡의 품질을 평가할 수 있다. 3. 스톡을 사용용도에 맞추어 풍미와 질감을 갖도록 완성할 수 있다.
	5. 양식 전채 · 샐러 드조리	1. 전채 · 샐러드재료 준 비하기	1. 전채 · 샐러드를 조리하기 위해 적합한 콘디멘트 (Condiments)를 준비할 수 있다. 2. 전채 · 샐러드메뉴 구성을 고려한 재료를 준비할 수 있다. 3. 재료를 용도와 특성에 맞게 전처리할 수 있다. 4. 전채 · 샐러드 조리에 필요한 드레싱과 소스를 준 비할 수 있다. 5. 메뉴에 맞는 전채 · 샐러드 조리에 필요한 조리법 을 숙지할 수 있다. 6. 전채 · 샐러드 조리에 필요한 조리도구(Kitchen Utensil)를 준비할 수 있다.
		2. 전채 · 샐러드 조리하기	1. 메뉴에 맞는 주재료를 사용하여 전채 · 샐러드를 조리할 수 있다. 2. 식초, 기름, 유화식품 등을 사용하여 안정된 상태 의 드레싱을 만들 수 있다. 3. 육류, 어패류, 채소류, 곡류는 각 재료의 특성에 맞게 조리할 수 있다. 4. 채소류, 허브, 향신료, 콘디멘트(Condiment)를 적절하게 사용할 수 있다. 5. 필요한 경우 드레싱에 버무리기 전 시즈닝할 수 있다.
		3. 전채 · 샐러드 요리 완 성하기	1. 요리에 알맞은 온도로 접시를 준비할 수 있다. 2. 색과 모양 그리고 여백을 살려 접시에 담을 수 있다. 3. 허브와 향신료, 콘디멘트(Condiment)를 적절하 게 선택하여 첨가할 수 있다. 4. 드레싱이나 소스를 얹거나 버무릴 수 있다. 5. 필요한 접시, 도구, 핑거볼 등을 제공할 수 있다. 6. 마무리된 음식의 색, 맛, 풍미, 온도를 통해 음식 의 품질을 평가할 수 있다.

양식 조리 실무	6. 양식 샌드위치 조리	1. 샌드위치 재료 준비 하기	1. 샌드위치의 종류에 따른 조직과 조각 모양을 갖는 빵을 준비할 수 있다. 2. 샌드위치의 종류에 따라 스프레드 재료를 준비할 수 있다. 3. 속재료는 샌드위치 특성에 따라 준비할 수 있다. 4. 속재료와 어울릴 수 있는 가니쉬 재료를 준비할 수 있다.
		2. 샌드위치 조리하기	1. 일의 흐름이 순차적으로 되도록 모든 재료를 만들기 편한 위치에 놓을 수 있다. 2. 샌드위치 종류에 따라 주재료와 어울리는 부재료, 콘디멘트, 사이드디시를 선택하고 만들 수 있다. 3. 더운 샌드위치에 어울리는 스프레드를 구분하여 사용할 수 있다. 4. 찬 샌드위치에 어울리는 스프레드를 구분하여 사용할 수 있다. 5. 스프레드를 바른 빵에 주재료와 부재료를 선택하여 만들 수 있다.
		3. 샌드위치 완성하기	1. 샌드위치에 알맞은 온도의 접시를 준비할 수 있다. 2. 샌드위치를 다양한 모양으로 썰 수 있다. 3. 색과 모양 그리고 여백을 살려 접시에 담을 수 있다. 4. 샌드위치에 적합한 콘디멘트(Condiments)를 제공할 수 있다. 5. 완성된 샌드위치의 맛, 온도, 크기, 색과 모양을 통해 음식의 품질을 평가할 수 있다.
	7. 양식 조식조리	1. 달걀요리 조리하기	1. 달걀 요리에 맞는 재료를 준비할 수 있다. 2. 달걀 조리에 필요한 주방도구(Kitchen Utensil)를 준비할 수 있다. 3. 달걀과 부재료를 사용하여 달걀 요리 종류에 맞게 조리할 수 있다. 4. 메뉴의 조리법에 따라 알맞은 부재료를 사용하여 완성할 수 있다. 5. 마무리된 음식의 색깔과 맛, 풍미, 온도를 통해 음식의 품질을 평가할 수 있다.
		2. 조식용 빵 조리하기	1. 조식용 빵 조리에 맞는 재료를 준비할 수 있다. 2. 조식용 빵 조리에 필요한 주방도구(Kitchen Utensil)를 준비할 수 있다. 3. 조식용 빵재료와 부재료를 사용하여 조식용 빵 종류에 맞게 조리할 수 있다. 4. 메뉴의 조리법에 따라 알맞은 부재료를 사용하여 완성할 수 있다. 5. 마무리된 음식의 색깔과 맛, 풍미, 온도를 통해 음식의 품질을 평가할 수 있다.

양식 조리 실무	7. 양식 조식조리	3. 시리얼 조리하기	1. 시리얼 요리에 맞는 재료를 준비할 수 있다. 2. 시리얼 조리에 필요한 주방도구(Kitchen Utensil)를 준비할 수 있다. 3. 시리얼와 부재료를 사용하여 시리얼류 요리 종류에 맞게 조리할 수 있다. 4. 메뉴의 조리법에 따라 알맞은 부재료를 사용하여 완성할 수 있다. 5. 마무리된 음식의 색깔과 맛, 풍미, 온도를 통해 음식의 품질을 평가할 수 있다.
	8. 양식 수프조리	1. 수프재료 준비하기	1. 육류, 어패류, 채소류, 곡류에서 수프용도에 알맞은 재료를 선별하여 준비할 수 있다. 2. 조리에 필요한 부케가니(Bouquet Garni)를 준비할 수 있다. 3. 미르포아(Mirepoix)를 준비할 수 있다. 4. 수프에 적합한 농후제를 준비할 수 있다. 5. 수프에 필요한 스톡을 준비할 수 있다. 6. 수프 조리에 필요한 조리도구(Kitchen Utensil)를 준비할 수 있다.
		2. 수프 조리하기	1. 수프의 종류에 따라 내용물과 스톡의 비율을 조정할 수 있다. 2. 수프의 종류에 따라 주요 향미를 가진 재료를 순서에 따라 볶아낼 수 있다. 3. 스톡을 넣고 끓이며, 위에 뜨는 불순물을 제거할 수 있다. 4. 원하는 수프의 향, 색, 농도가 충분히 우러나도록 끓일 수 있다. 5. 수프의 종류에 따라 갈아주거나 걸러줄 수 있다.
		3. 수프요리 완성하기	1. 수프의 종류에 따라 크루톤(Crouton), 휘핑크림(Whipping Cream), 퀜넬(Quennel)과 같은 가니쉬(Garnish)를 제공할 수 있다. 2. 마무리된 수프의 색깔과 맛, 투명도, 풍미, 온도를 통해 수프의 품질을 평가할 수 있다.
	9. 양식 육류조리	1. 육류재료 준비하기	1. 조리법과 재료의 질감(Texture) 정도, 향미를 고려하여 육류, 가금류의 종류와 메뉴에 맞는 부위를 선택할 수 있다. 2. 메뉴의 종류에 따라 육류, 가금류의 종류와 조리 부위를 선택할 수 있다. 3. 용도에 맞게 재료를 발골, 절단하여 손질할 수 있다. 4. 요리에 알맞은 부재료와 소스를 준비할 수 있다. 5. 로스팅(Roasting)할 재료는 끈을 사용하여 감쌀 수 있도록 묶을 수 있다. 6. 필요에 따라 마리네이드(Marinade)를 위해 향신료와 채소를 채워넣는 방법을 사용할 수 있다. 7. 육류조리에 필요한 주방도구(Kitchen Utensil)를 준비할 수 있다.

양식 조리 실무	9. 양식 육류조리	2. 육류 조리하기	1. 육류, 가금류 요리 시 재료에 적합한 조리법과 조 리 도구를 결정하여 조리할 수 있다. 2. 재료가 눌어붙거나 부서지지 않도록 조리할 수 있다. 3. 육류, 가금류 요리에 알맞은 가니쉬(Garnish)와 소스를 조리할 수 있다. 4. 화력과 시간을 조절하여 원하는 익힘 정도로 조 리할 수 있다. 5. 향신료를 사용하여 향과 맛을 조절할 수 있다.
		3. 육류요리 완성하기	1. 맛과 풍미가 좋은 육류, 가금류 요리를 제공할 수 있다. 2. 주재료에 어울리는 가니쉬(Garnish)를 제공할 수 있다. 3. 마무리된 음식의 색깔과 맛, 풍미, 온도를 통해 음식의 품질을 평가할 수 있다.
	10. 양식 파스타 조리	1. 파스타재료 준비하기	1. 파스타 재료를 계량하여 손으로 반죽할 수 있다. 2. 원하는 모양으로 만든 면발이 서로 엉겨 붙지 않 도록 처리할 수 있다. 3. 파스타에 필요한 부재료, 소스 재료를 준비할 수 있다. 4. 파스타 조리에 필요한 주방도구(Kitchen Utensil)를 준비할 수 있다.
		2. 파스타 조리하기	1. 면의 종류에 따라 끓는 물에 삶아 낼 수 있다. 2. 속을 채운 파스타의 경우, 터지지 않게 삶을 수 있다. 3. 삶아 익힌 면은 물기를 제거한 후 달라붙지 않게 조리할 수 있다. 4. 파스타의 종류에 따라 부재료와 소스를 선택하여 조리할 수 있다.
		3. 파스타요리 완성하기	1. 1인분의 양을 조절하여 제공할 수 있다. 2. 주재료에 어울리는 가니쉬(Garnish)를 제공할 수 있다. 3. 파스타 종류에 알맞은 그릇에 담아 제공할 수 있다. 4. 마무리된 음식의 색깔과 맛, 풍미, 온도를 통해 음식의 품질을 평가할 수 있다.
	11. 양식 소스조리	1. 소스재료 준비하기	1. 조리에 필요한 부케가니(Bouquet Garni)를 준비 할 수 있다. 2. 미르포아(Mirepoix)를 준비할 수 있다. 3. 루(Roux)를 사용용도에 맞게 볶는 정도를 조절하 여 조리할 수 있다. 4. 소스에 필요한 스톡을 준비할 수 있다. 5. 소스 조리에 필요한 주방도구(Kitchen Utensil) 를 준비할 수 있다.

양식 조리 실무	11. 양식 소스조리	2. 소스 조리하기	1. 미르포아(Mirepoix)를 볶은 다음 찬 스톡을 넣고 서서히 끓일 수 있다. 2. 소스의 용도에 맞게 농후제를 사용할 수 있다. 3. 소스를 끓이는 과정에서 불순물이나 기름이 위로 떠오르면 걷어낼 수 있다. 4. 적절한 시간에 향신료를 첨가할 수 있다. 5. 원하는 소스의 지정된 맛, 향, 농도, 색이 될 때까지 조리할 수 있다. 6. 소스를 걸러내어 정제할 수 있다.
		3. 소스 완성하기	1. 소스의 품질이 떨어지지 않도록 적정 온도를 유지할 수 있다. 2. 소스에 표막이 생성되는 것을 막기 위하여 버터나 정제된 버터로 표면을 덮어 마무리할 수 있다. 3. 마무리된 소스의 색과 맛, 투명도, 풍미, 온도를 통해 소스의 품질을 평가할 수 있다. 4. 요구되는 양에 맞추어 소스를 제공할 수 있다.

최신 기초서양조리

Part 1 NCS

최신 기초서양조리 실무

서양요리의 역사

　요리는 그 지방의 자연환경과 오랜 역사 및 문화에 많은 영향을 받으며, 지형적 여건은 그 나라 식생활 양식의 특징을 잘 나타내준다. 서양요리를 이해하기 위해서는 그들의 식문화, 국민성, 자연환경과 지형학적 위치를 살펴봄으로써 많은 도움을 받을 수 있다.

　서양요리 역사나 동양요리 역사나 고대에는 비슷했다고 볼 수 있다. 인간은 자연에서 얻을 수 있는 재료를 조리하지 않은 채 날것으로 먹었다. 거의 이동도 없었고 그들이 사는 지역의 먹거리에만 만족했다. 인간은 동물보다 우월한 두뇌를 가졌으므로 원시적이기는 하지만 물고기를 잡고 힘센 동물을 사냥하기 위해 도구를 발명하기에 이르렀다. 그리고 그들은 의식하지는 못했지만 산과 평야, 계절, 수확 등등에 관심을 갖게 되었고 생명을 유지하기 위해 식량이 절대적으로 필요하게 되었는데 고대인들의 주된 식량자원은 식물의 뿌리, 열매, 줄기, 곡식, 생선 젖과 알 등이었다. 인간의 식생활 변화는 불의 발견과 더불어 시작되었다고 볼 수 있다. 우연한 기회에 불을 접하게 된 인간은 몸을 데우기 위해 불을 사용하였고 불에 익힌 고기가 날것보다 연하고 맛있다는 사실을 알게 되었으며 이 맛을 즐기게 되었다. 최초의 요리방법은 구이였을 것이다.

　뜨거운 불 위에 굽거나 타다 남은 숯 위에서 덩어리째 또는 꼬치에 끼워서 구웠을 것이다. 또한 원시시대에 사용한 요리방법 중 하나가 삶은 것인데 옹기가 발명되기 전에 이 요리법을 사용했을 것이다. 동물의 가죽과 내장 등에 뜨거운 조약돌, 물, 음식을 같이 넣고 물을 가득 채운 뒤 온도유지를 위하여 구덩이에 뜨거운 조약돌을 채워 넣었다. 요리방법의 발달과 더불어 도구 또한 변화되었다. 수렵하면서 동물을 사육하는 법, 농사짓는 법을 발견하여 곡물을 경작하게 되었고 이는 인간의 식생활에 지대한 영향을 끼쳐 요리법에도 많은 발전을 가져오게 되었다.

수렵하면서 동물을 사육하는 법, 농사짓는 법을 발견하여 곡물을 경작하게 되었고 이는 인간의 식생활에 지대한 영향을 끼쳐 요리법에도 많은 발전을 가져오게 되었다.

어느 다른 문명보다 이집트의 요리에 대하여 많은 것이 알려져 있다. 이 시기의 요리법 등이 책으로 남아 있지는 않지만 상형문자로 그려진 제빵, 요리사들의 작업모습 등이 피라미드와 무덤 등의 점토 평판이나 벽화에서 발견됐기 때문이다.
나일강에는 채소, 과일나무, 포도, 닭, 생선, 달걀 등이 풍부하였고 제빵, 제과사가 유명하여 제빵인들은 이집트인들에게 존경을 받았다. 페르시아는 화려한 연회와 축제로 유명하였다. 아시리아의 왕 사르도나플루스(Sardonaplus)는 요리경진대회를 열어 일등에게 수천 냥의 황금을 주고 새로운 요리를 개발한 사람에게도 상을 주었다고 한다. 페르시아의 전설적 과일인 마멀레이드(marmalade)와 좋은 포도주가 풍부하여 정성스럽게 황금용기에 담아 차려졌다. 페르시아인들이 만든 몇 종류의 음식들은 오늘날에도 세계적으로 유명한 메뉴가 되었다. 그리스인들은 페르시아인들로부터 그 요리와 식법을 배웠고 B.C. 15C 중엽까지 그리스에서는 빈부에 따른 식사내용에 차이가 거의 없었는데 보리 페이스트(pastes), 보리죽, 보리빵이 기본 음식이었다. 초기 그리스인들은 하루 네 끼의 식사를 하였는데, 아침 혹은 아크라티스마(Acratisma)저녁이나 아리스톤(Ariston) 혹은 데이폰(Deiphone), 렐리시, 헤스페리스마(Hesperisma) 그리고 만찬, 도르페(Dorpe) 등이었다. 나중에 점심은 한낮의 시간으로 바뀌고 저녁은 늦은 시간에 차려졌으며, 연회나 종교적 혹은 사회적인 목적으로 개발되었다. 그리스의 유명한 요리장으로 팀브론(Timbron), 테마시데스(Themacides) 그리고 아케스트라투스(Archestratus) 등이 있었는데 이들은 요리의 도시로 유명했던 시베리우스(Syberius)에서 훈련을 받았다.

이 도시에서 개발된 많은 요리방법들은 로마인과 프랑스인들을 통해 후세에 전수되었다. 고대의 유명한 대가들이 그 시대의 요리에 대해 언급했음에도 불구하고 처음으로 이에 대한 전문서적이 발간된 것은 A.D. 1~3세기에 베니스에 살았던 로마인 아피시우스(Apicius)에 의해서였다(1489년). 특히 가비우스 아피시우스(Garvius Apicius)가 유명한데 그는 화려한 향연을 위해 자신의 모든 재산을 탕진했으며 결국 그 때문에 굶어 죽지 않기 위해 자살했다고 한다. 아피시우스의 저서에는 로마인들의 평상시 음식에 대한 많은 교훈이 들어 있었다. 양념이나 향료 혹은 해산물, 가금류, 채소들을 많이 쓰며 식사는 주로 짜고 달거나 고기를 다져 생선이나 채소 속에 넣는 음식이었다.

중세 초기와 고려시대를 구별짓는 기준은 음식을 구워먹는 방법이 오히려 퇴보되었다는 점이다. 다시 말하면 고대시대에는 약한 불이나 가마솥에 굽는 방법을 알았지만 중세에는 더 이상 커다란 화덕에 장작더미를 넣고 굽는 요리방법들은 사용하지 않았다. 13세기 초에는 건축가들이 주방 안에 조리대를 설치하기 시작했으며 13세기 말경에는 가마솥에서 굽거나 소스를 곁들여 구미를 돋우는 요리방식을 채택하였다. 이 시기는 식재료가 풍부했고 식사하기 전에 과일도 먹었다. 로마인들은 그리스인들의 요리보다 더욱 섬세하고 맛있는 그들 자신의 요리를 개발하였으며 연회나 식도락적인 축제가 발전, 번창하였다.

그 시대 요리는 항상 짜고 단것만을 찾았으며 한 가지 유일한 새것이 있었다면 지방산물들을 도입하였고 식사 끝에 과일을 내놓는 것뿐이었다. 식사법의 경우 손을 씻는 습관이나 포크를 사용하는 것 등은 이탈리아의 영향이 컸다. 하지만 결국 잼 만드는 법이나 과일로 케이크를 만든다거나 여러 가지 디저트, 양념이나 풀, 혹은 해산물, 돼지고기류, 조류, 집에서 기른 조류(티티새, 자고새, 타조, 학, 앵무새), 채소를 많이 이용했다. 식사는 주로 짜고 달았고, 고기를 다져 생선이나 채소 속에 넣거나 여러 종류의 재료들을 잘게 썰어 음식은 대략 걸쭉했

으며, 복잡하게 구워서 먹는 것보다는 간단하게 서로 섞어서 만들어 먹었다. (동양에서 말하는 식탁의 요리) 조리방법은 약한 불로 오래 끓이거나 나무 위에서 직접 굽거나, 간접적으로 화덕에 굽는 등 여러 가지 방법이 있었다.

밀가루는 빵이나 과자를 만든 뒤 꿀을 바르고 포도주는 5~7년을

저장했다 마시곤 했다.

14세기 이후에는 소스의 사용이 조리기술 중 으뜸으로 평가되고 이 시대의 대연회에서는 화려한 요리를 연출하였는데, 이때 조리기구들이 많이 개발되었다. 특히 프랑스의 선조들은 갈리아(Gaulois)족이었는데 서양요리의 원조라고 한다. 독일은 소시지, 감자, 사워크라우트(양배추절임) 등이 있고 돼지고기 요리가 발전했지만, 영국 같은 곳은 식문화가 덜 발달하였는데, 이것은 그 나라의 역사, 문화, 풍토와도 밀접한 관계가 있다.

프랑스를 중심으로 미식가와 요리의 발전에 대해 정리해 보자.

1370년 찰스 5세 요리사인 기욤 티렐(Guillaume Tirel：일명 타이 유방)에 의해서 써진 Le Viander는 사실 중세요리의 총체이며 단지 고기요리에 대한 내용뿐 아니라 이름이 뜻하는 대로 전통적인 요리, 식생활 습관에 대한 모든 것이 서술된 요즘의 요리백과사전이다.

16세기 초기까지 프랑스 요리는 영국의 요리와 같이 상상력이 없었다. 17세기에는 프랑수아 1세 치하에서 요리기술이 더욱 발전했으며 르네상스의 세련미가 요리에까지 파급되어 예술의 경지에 이르기 시작하였다.

프랑스 요리의 근대적 발달의 근본은 1553년 오를레앙 공작(국왕 앙리 2세)이 이탈리아 메디치가의 카트린과 결혼하면서부터이다. 그때 그녀는 피렌체 출신의 요리사들과 함께 프랑스로 왔는데 메디치가는 향신료의 풍미를 자랑하기로 유명하였다. 프랑스 요리는 이탈리아로부터 수입된 것이다. 그 당시 대부분의 요리사들은 여전히 과거 전통의 계승만을 중시하였다.

루이 13세(1601~1643)시대에는 요리가 그다지 발전하지 않았으나 요리의 법칙과 조리법을 체계적으로 기술해 놓은 책이 1651년 바렌(Varenne)에 의해 간행되었는데 그것이 바로 Cuisinier Francois이다.

이 책을 기본으로 하여 많은 비약을 하게 되었다. 1654년에 니콜라 드 본 퐁스는 Le Delica de la' Champagne를 썼다. 그는 음식의 맛이 복잡한 조리로 인해 가려져서는 안 되는 아주 단순한 지역적 조리로 하여야 한다고 주장하였다. 이러한 생각들이 여전히 생각으로만 그쳤으나 17세기 말 차, 커피, 코코아, 아이스크림 등의 출현과 함께 커다란 변혁이 이루어졌다.

특히 포도주의 영역에서 커다란 변혁이 이루어졌는데 돔 페리뇽(Dom Perigon)이 샴페인을 발명한 것이다. 17세기 생각들이 실제로 실천된 것은 18세기였다.

조리는 하나의 단순성을 지향하였는데 말하자면 요즘 우리가 말하는 누벨퀴진(Nouvelle Cuisine)이라 부르는 것이 바로 그것이다. 이 시기에 최초로 음식을 만드는 여자 요리사와 무엇인가를 발견할 수 있는 남자 전문요리사를 구별할 수 있게 되었는데 요리역사에서 볼 때 큰 변혁임에 틀림없다.

1691년에는 마샬로(Massialot)가 펴낸 Cuisinier Royal et Bourgeois가 있다. 17세기 중기 요리의 유행은 단순해졌고 과도하게 낭비되었던 데커레이션도 맛에 치중하게 되었다. 혁명 동안의 반체제기간이 지나 나폴레옹 시대와 더불어 풍요가 되돌아왔다. 탈레랑드(Talleyrand)에 보존되어 있는 테이블은 그 사치스러움과 배열들이 예술성과 모여 앉았던 사람들로 유명하다.

1755년에 태어난 브릴라 사바랭(Brilla Savarin)은 조리변혁에 대해 느끼고 그 변혁을 인정한 최초의 인물이었다. 그는 판사이고 유명한 미식가였는데『미각의 철학』이란 저서가 있다. 마리 앙투안 카렘(Carême, Marie Antoine, 1783~1833)은 빈곤한 가정에서 태어나 무지했던 사람이었으나 그는 여러 맛들을 조화롭게 배합할 줄 알았으며 불필요한 내용물에 대한 조리를 없애기 위해 노력한 최초의 인물이었다.

그는 가난한 석공의 16번째 아들로 태어나 10살 때 부친으로부터 파리 근교의 작은 식당에서 마지막 저녁식사를 얻어 먹은 뒤 길거리에 버려졌다. 그 후 그는 작은 식당을 전전하다가 멘(Maine)이라는 성문 근처의 한 조리사로부터 조리의 기초를 배워 16세에 파리의 유명한 제과업자 중 하나인 비엔(Vienne)가의 바이유(Bailly) 가게에서 공부를 계속할 수 있게 도움을 받았다. 특히, 왕립도서관 판화실에 들어가 건축모형의 사본을 뜰 수 있도록 허락을 받았는데, 그가 만들어낸 모형들 중 일부는 바이유(Bailly) 가게의 중요한 고객인 나폴레옹 1세로부터 찬탄과 경이에 찬 평을 받았다. 그것을 피에스 몽테라 불리는 웨딩케이크 위의 장식용 과자로 쓰면서 당시 연회의 인기품목으로 빠져서는 안 되는 것으로 자리 잡았다.

또한 그는 유명한 의사인 장 알비스(Jean Avice)를 만나 그로부터 조언과 격려를 받아 자신감을 갖게 되었다. 그는 재능과 근면함으로 단시간에 두각을 나타냈고 그의 유능한 점을 듣고 있던 바이유(Bailly) 가게의 단골손님이었던 당시 프랑스 외무대신 탈레랑드(Talleyrand)의 제안을 받아 12년간 그의 요리사로 일했다. 카렘은 요리의 형태와 호사함을 감각과 재능으로 자기화하여 외교관들을 위한 식도락을 훌륭하게 만들어냈다. 후에 그는 조지 4세가 된 영국 섭정 왕자와 비엔(Vienne) 궁전, 영국 대사, 바그라시옹(Bagration) 공주, 영국의 스튜어드(Steward)경을 위해서도 훌륭한 요리를 만들어주었다. 그는 조리사, 제과사일 뿐만 아니라 이론가이기도 했으며 역사에 대한 일가견도 가지고 있었다. 그는 말년을 로칠드 남작가에서 보냈으며 시인 로랑 타일라드(Laurent Tailhade)로부터 '숯과 고기 굽는 기구로 천재성의 불꽃을 발휘하는 조리장'이라는 평판을 들었다. 후에 알렉산더 1세는 탈레랑드(Talleyrand)에게 "카렘은 우리가 알지 못하고 먹던 것이 무엇인가를 알게 만들었다"고 술회하였으며 그를 가리켜 "왕들의 요리사요, 요리사 중의 왕"이라고 하였다.

그는 19세기의 프랑스 요리(I'Art de la cuisine francaise au XIXe siecle)에 그의 생애를 집대성했고, 왕실과 제과인(le Patussuer royal parisien), 파리의 호텔 요리장(le Ma tre de hotel francaise) 등의 요리 이론책을 통해서 요리업계에 커다란 공헌을 하였다. 그리고 그는 프랑스 요리의 깊이와 그 예술성에 이르기까지 요리를 통해서 그 시대의 분위기에 적합한 화려한 구성, 중심부 장식, 그리고 시간적 연출에 대해 기술하였다. 오늘날 그는 고전 프랑스 요리의 창시자로도 추대받고 있다.

17세기 말경에는 고전요리가 유명한데 고전 프랑스 요리는 신선하고 우수한 음식재료, 재능 있는 요리사, 간단하고 예술적이며 완전한 표현양식, 미묘하고도 균형있는 맛, 감상할 줄 아는 고객 등 완벽하게 짜인 메뉴들로 이루어졌다.

그 후 여러 사람들의 노력이 19세기까지 이어지고 20세기에 접어들면서 오귀스트 에스코피에(Auguste Escoffier : 1847~1935)의 출현으로 지금까지의 프랑스 요리가 체계적으로 정리되었다.

오늘날 우리가 접하는 주방 시스템의 창시자도 그였으며 프랑스 식당이 부분화되어 운영되던 것을 통합조정 운영을 시도하여 성공한 것도 그의 아이디어였고 뒤부아(Dubois)의 러시아식 음식 서비스 방법을 도입하여 현재의 음식 서브(Serve) 순서를 창안한 사람도 그였다. 고객으로부터 주문받은 전표를 3장으로 만들어 한 장은 주방, 한 장은 접객원, 또 한 장은 캐셔(Cashier)에게 돌아가도록 하고, 특별히 전표에 고객의 서명을 적어 그 고객이 재차 방문하였을 때 그가 선호하는 음식이 무엇인지를 미리 알아차리는 고품위 음식 서비스의 기틀을 마련한 것도 그였다.

그는 프랑스 정부로부터 1920년 레지옹 도뇌르(Legion d'Honneur) 훈장을 수여받았으며 후에 귀족단체의 정회원이 되어 모든 조리사의 사회적 지위와 명예를 높이는 데도 크게 공헌하였다. 1966년에는 그가 태어난 집을 조리예술박물관으로 개조까지 하였다. 오늘날 저명한 요리전문가 및 미식가, 요리연구 등 요리책을 쓰는 사람, 그리고 요리를 직접 만드는 조리사까지 그가 만들어낸 조리법을 이용하지 않은 사람은 단 한 사람도 없다.

에스코피에가 사망한 후에는 요리장의 개인명함에 표기하는 내용 중 가장 권위 있는 상을 수상하고 표창받거나 훈장을 받았다는 것보다 에스코피에 밑에서 수업했다는 것을 가장 자랑스럽게 여겼다고 한다.

오늘날 요리는 점점 더 간편하게, 즉 자연적이며 가벼운 음식(비만 방지)을 향하여 치닫고 있으며 이 가볍고 자연적이란 말은 알랭 샤펠(Alain Chapel)과 같은 유명한 요리사와 함께 누벨퀴진(Nouvelle Cuisine)이란 말을 낳았다. 그러나 진정한 요리사는 어떠한 경우에도 그들의 경험과 비밀 그리고 전통과 함께 지나간 옛 시대를 잊어서는 안 된다는 사실을 알고 있다.

오늘날 요리는 인문, 사회, 과학, 기술, 예술의 진보가 가져다준 혜택의 선물이다. 모든 요리는 요리사가 정성을 다해 먹는 사람을 위해 진정한 마음으로 만들어야 한다. 요즘은 알약 하나로도 모든 영양을 섭취할 수 있지만 맛의 세계에 질서와 미를 추구하면서 미각에 역점을 두어 맛을 창조하는 진정한 지휘자는 요리사들이다. 금방 잡은 생선을 주방에서 더운 요리로 만들어 제공하고 저녁에 예술적인 감각에 가득찬 요리를 전통적인 요리법으로 생산하는 것을 공장에서 기계적으로 대량생산하는 것으로 대신할 수는 없다. 과학이 발전하고 스피드 시대가 와도 예술적인 요리를 감식할 미식가는 영원히 존재할 것이다.

조리공간

1. 주방의 개요(Summary of Kitchen)

주방(廚房)이란 조리상품을 만들기 위한 각종 조리기구와 식재료의 저장시설을 갖추어 놓고 조리사가 기능적·위생적으로 작업을 수행함으로써 고객에게 판매할 음식을 생산하는 작업공간을 말한다. 주방은 생산과 소비가 동시에 이루어질 수 있는 상황변수가 많은 독특한 특성을 갖는 공간으로 외식업소의 경영성과 기능에 가장 중요한 역할을 하고, 수익성을 담당하는 부서이다.

또한 주방은 식음료 상품을 판매할 수 있도록 음식을 만들어내는 생산공장이라 할 수 있으며, 반면에 업장은 주방에서 만들어낸 상품을 판매하는 전시장이라 해도 과언이 아니다.

이처럼 주방은 고객에게 식용가능한 식재료를 이용하여 물리적 또는 화학적인 방법을 가해 상품을 제조함과 동시에 판매하는 장소라고 할 수 있다.

외국의 요리사전(The cook dictionary)에 의하면 주방(Kitchen)이란 'The room or area containing the cooking facilities also denoting the general area where food is prepared.' 라고 하였다. 즉, "음식을 만들 수 있도록 시설을 차려 놓은 일정한 장소 또는 음식을 만들기에 편리하도록 시설을 갖추어 놓은 방"이라 정의하고 있다. 즉, 공간적인 의미를 다각도로 함

축하고 있는 주방을 정의하면 다음과 같다.

주방이란 "조리장을 중심으로 법적 자격을 갖춘 조리사가 제법 또는 양목표(recipe)에 의해 식용가능한 식품을 조리기구와 장비를 이용하여 화학적·물리적·기능적 방법을 가해 고객에게 판매할 식음료 상품을 만들 수 있도록 차려진 장소"라고 할 수 있다.

이렇듯 주방은 음식물을 생산하는 작업공간으로서 조리기능과 판매기능, 서비스기능의 복합적 시스템 속에서 각 구성원의 역할분담을 통하여 이루어지는 중요한 부서이다.

이러한 주방에서 이루어지는 조리는 식품을 찌거나 끓이거나 굽거나 볶거나 튀기면서 준비하는 과정을 통하여 식품의 기본적인 특성을 향상시키고 먹기 좋은 음식을 만들어 식탁에 올려놓는 과정이라고 정의된다.

현대적 의미의 조리는 "The art of preparing dishes and the place in which they are prepared"라고 하여 장소적 의미와 기술적 의미를 내포하고 있으며, 조리는 식품이 함유하고 있는 영양소를 미각적으로 맛있게, 위생적으로 안전하게, 시각적으로 보기 좋게, 영양적으로 손실이 적게 취급할 수 있도록 하는 데 그 목적이 있다.

역사적으로 주방이 분리되어 운영된 것은 기원전 5세기경으로 당시에는 종교적인 의식을 치르는 장소로써 활용되었다. 이러한 행위는 집의 수호신을 숭배하는 행동에서 신들을 위한 음식을 준비하는 장소가 되었을 것으로 추정된다.

로마시대 주방은 더욱더 발전된 단계로서 그 기능이 다양해진 것을 알 수 있는데, 주방 내에서 사용한 물탱크와 향신료, 싱크대, 요리준비를 위한 테이블 등이 이를 뒷받침하고 있다.

중세시대에는 성 안에 주방이 없어서는 안 될 장소로 인식되었다. 당시 중산층 사람들은 고객을 초대할 때 주방에서 주문받는 형식을 취하였고, 때로는 이미 조리된 음식을 여기에서 먹기도 하였다.

하지만 무엇보다도 주방 발전에 전성기를 이룬 것은 프랑스 루이 시절이다. 귀족사회의 빈번한 연회행사를 치르기 위해서는 많은 수의 요리사가 필요하고, 넓은 공간의 조리시설이 요구되었기 때문이다. 더구나 부에 대한 표현으로 먹기 위한 음식보다는 아름다움을 표현하는 방법으로 주방시설 역시 매우 호화스러운 분위기를 연출하게 되었다. 따라서 르네상스시대의 요리특징이 데커레이션에 치중하는 면을 보이는 것은 당연한 것으로 여겨진다.

19세기 접어들면서 주방에는 새로운 유행이 시작되는데, 그것은 바로 주방기구의 혁신이다. 산업기술이 발달하면서 주방기구에도 스테인리스, 알루미늄 등 신소재 기구들이 등장하게 되고 주방과 영업장이 확연히 분리되기 시작하는데, 특히 레인지와 오븐(Range & Oven)을 중심으로 저울, 여러 가지 기능을 한곳에 모을 수 있는 세트형식 소스 팬(Sauce pan), 양념류 등이 주방을 점령하게 된다.

이러한 기류는 산업혁명이 시작된 영국을 위시하여 독일, 스위스로 이어져 현대에도 세계 대부분의 조리기구시장을 이 국가들이 차지하고 있는 실정이다.

20세기가 되면서 주방은 말 그대로 현대화로 접어드는데, 이는 주방기구에 컴퓨터시스템을 부착하여 대량생산과 시간이 단축된 것을 뜻한다. 그중에서 가장 눈부신 발전을 한 분야는 화력부분과 냉장·냉동기술의 발달이다. 따라서 식재료 생산시기와 장소의 한계를 극복하

〈조리공간(Kitchen)의 발전과정〉

기원전 5세기	집의 수호신을 숭배하는 행동에서 주방을 신들에게 음식을 바치는 장소로서 제단의 역할
로마시대	전문적으로 조리를 하기 위한 싱크대와 물탱크, 작업대를 갖춘 주방으로 발전
중 세	과학적인 조리공간과 배치가 이루어짐과 동시에 대량조리가 가능하도록 기능적으로 배치
20세기	전기 및 가스 사용 등 열원의 발전으로 대량생산, 컴퓨터의 접목과 인테리어 개념의 첨단주방으로 발전

고 때와 장소에 관계없이 표준화된 요리를 생산할 수 있는 체계를 갖추게 되었다. 한 가지 덧붙인다면 주방구조에 인테리어(Interior)기법을 도입하여 보다 쾌적하고 효율적인 공간이 되었다는 것이다. 전통적인 주방의 개념을 현대적인 감각으로 바꾸려는 노력은 지금도 계속되고 있다.

2. 주방의 분류(Classification of Kitchen)

주방은 업종의 기능에 따라 다양하게 개발되어 왔으며, 기본적인 기능, 즉 식재료의 입하부터 저장, 조리, 준비, 조리서비스에 이르는 일련의 과정을 인식하고 설계되어야 한다. 또한 식재료 반입부터 조리상품을 효율적으로 생산하기 위해서는 작업방법이 고도로 전문화되어 각 주방마다 업무가 기능적으로 구분되어야 한다. 주방의 분류는 어떤 시각에서 접근하는지

에 따라 조금씩 차이가 있다. 기능적 주방은 뜻 그대로 주방의 기능을 최대화하기 위해서 분리ㆍ독립시킨 것이다. 주방은 크게 지원주방(support kitchen)과 영업주방(business kitchen)으로 분류된다.

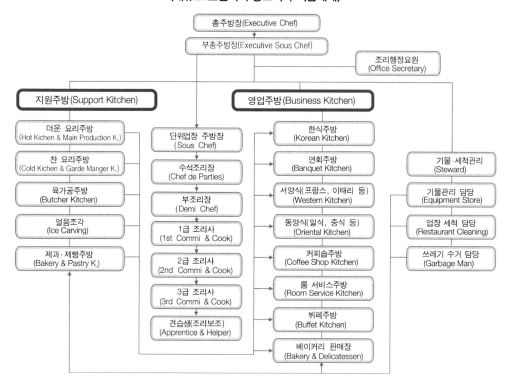

〈대규모 호텔의 주방조직과 직급체계〉

총주방장(Executive Chef)

부총주방장(Executive Sous Chef)

조리행정요원
(Office Secretary)

지원주방(Support Kitchen)

더운 요리주방
(Hot Kichen & Main Production K.)

찬 요리주방
(Cold Kichen & Garde Manger K.)

육가공주방
(Butcher Kitchen)

얼음조각
(Ice Carving)

제과ㆍ제빵주방
(Bakery & Pastry K.)

단위업장 주방장
(Sous Chef)

수석조리장
(Chef de Parties)

부조리장
(Demi Chef)

1급 조리사
(1st Commi & Cook)

2급 조리사
(2nd Commi & Cook)

3급 조리사
(3rd Commi & Cook)

견습생(조리보조)
(Apprentice & Helper)

영업주방(Business Kitchen)

한식주방
(Korean Kitchen)

연회주방
(Banquet Kitchen)

서양식(프랑스, 이태리 등)
(Western Kitchen)

동양식(일식, 중식 등)
(Oriental Kitchen)

커피숍주방
(Coffee Shop Kitchen)

룸 서비스주방
(Room Service Kitchen)

뷔페주방
(Buffet Kitchen)

베이커리 판매장
(Bakery & Delicatessen)

기물ㆍ세척관리
(Steward)

기물관리 담당
(Equipment Store)

업장 세척 담당
(Restaurant Cleaning)

쓰레기 수거 담당
(Garbage Man)

〈기능적 주방의 역할 분류〉

지원주방(Support Kitchen)

영업장 없이 1차적인 조리를 하여 영업주방을 지원하는 역할을 함
Production(Hot) Kitchen, Garde Manger Kitchen, Bakery(Pastry) Kitchen,
Butcher Kitchen, Steward가 있음

영업주방(Business Kitchen)

영업장을 갖추고 고객이 요구하는 메뉴를 적정시간 내에 생산하는 주방을 말함
Korean, French, Italian, Chinese, Japaness, Banquet, Room Service
Kitchen 등 요리를 생산, 판매하는 영업장 주방

1) 지원주방(Support Kitchen)

지원주방은 요리의 기본과정을 거쳐 준비한 음식을 손님에게 직접 판매하는 주방을 지원하는 주방이다.

(1) 더운 요리주방(Hot Kitchen & Main Production K.)

각 주방에서 필요로 하는 기본적인 더운 요리를 생산하여 공급하게 되는데, 흔히 프로덕션(Production)이라고도 한다. 많은 양의 스톡이나 수프, 소스 등을 한꺼번에 생산하여 각 주방으로 분배하는 이유는 각 주방에서 개별적으로 생산하는 것보다 시간과 공간, 재료의 낭비를 줄일 수 있고 일정한 맛을 유지할 수 있으므로 일정한 규모를 갖춘 레스토랑이면 대부분 이러한 시스템을 이용하고 있다.

(2) 찬 요리주방(Cold Kitchen & Garde Manger K.)

찬 요리와 더운 요리 주방을 구분하는 가장 근본적인 이유는 요리의 품질을 유지하기 위함이다. 기본적으로 더운 요리는 뜨겁게, 찬 요리는 차갑게 제공해야 하는데, 더운 요리주방의 경우 많은 열기구의 사용으로 같은 공간을 사용할 경우, 서로 간에 적정온도를 유지하는 데 어려움이 따르고 찬 요리는 쉽게 부패할 수 있기 때문이다.

찬 요리 주방에서는 샐러드(Salad)나 샌드위치(Sandwiches), 쇼피스(Showpiece), 카나페(Canape), 테린(Terrine), 갤런틴(Galantine), 파테(Pate) 등을 생산한다.

(3) 제과 · 제빵주방(Bakery & Pastry Kitchen)

레스토랑에서 사용되는 모든 종류의 빵과 쿠키, 디저트를 생산하는 곳으로 초콜릿(Chocolate), 과일절임(Compote)도 이곳에서 담당하고 있다. 특히, 제빵주방은 매일 신선한 빵을 고객에게 공급하기 위하여 24시간 계속해서 운영하는 것이 특징이며, 다음날 판매할 빵 제조는 야간근무자가 담당하는 것이 일반적이다.

(4) 육가공주방(Butcher Kitchen)

육가공주방 역시 다른 업장을 지원해 주는 역할을 한다. 각 업장에서 필요로 하는 육류 및 가금류, 생선 등을 크기별로 준비하여 준다. 여러 단위업장에서 필요로 하는 육류 및 생선을 생산하다 보면 부분별로 사용이 적당치 않은 것은 따로 모아 소시지(Sausage)나 특별한 모양을 요구하지 않는 제품을 만들게 되는데, 이런 육류의 부산물들이 근래 들어 새롭게 각광받는 요리로 탄생되기도 하였다.

육가공주방은 전문적으로 분리되기 이전에는 가르드망제와 같이 찬 요리를 담당하고 육류를 보관하는 창고 역할을 하였으나 시대가 변하면서 기능분화와 함께 새로운 하나의 주방으로 발전되었다.

(5) 기물 · 세척관리(Steward)

현대에 와서 기물관리의 중요성이 새롭게 부각되는 것은 요리에 필요한 기물이 그만큼 다양해졌다는 것을 단적으로 말해주는 것이라 할 수 있다. 일반적으로 대규모 주방을 제외하면 조리분야와 구분 없이 대부분 기물이 관리되고 있으나, 시설이 현대화되고 조직이 비대해지면 기능을 분리하여 운영하는 것이 보다 더 효율적이고 경제적이다.

기물 · 세척관리는 각 단위주방은 물론이고 모든 주방의 기구 및 기물의 세척과 공급 및 품질유지를 담당하고 있다.

〈지원주방(Support Kitchen)의 분류와 업무〉

Production Kitchen	기본적인 모체 소스와 스톡을 생산 공급
Garde Manger Kitchen	샐러드 및 드레싱 등 찬 요리를 생산 공급
Bakery(Pastry) Kitchen	제빵 · 제과, 초콜릿, 디저트 생산 공급
Butcher Kitchen	육류 및 생선 등을 다듬고 포션화 후 공급
Steward	조리기구 및 기계류 세척 후 공급과 관리

2) 영업주방(Business Kitchen)

영업장을 갖추고 고객이 요구하는 메뉴를 적정시간 내에 생산하는 주방을 말하며, 영업주방은 지원주방의 도움을 받아 각 주방별로 요리를 완성하여 고객에게 제공한다. 대부분의 영업주방은 불특정 다수가 이용하므로 오랜 시간이 요구되는 요리보다는 단시간 내에 조리 가능한 메뉴를 주로 구성한다.

서구나 유럽에서는 예약이 생활화되어 있어 예약 당시 고객이 원하는 메뉴까지 요구하기 때문에 이러한 어려움을 조금은 극복할 수 있으나 아직 예약에 대한 인식이 부족한 우리나라의 경우, 철저한 사전준비(Mise en place)로 고객에게 제공되는 시간의 낭비를 줄여야 한다.

영업주방으로는 프랑스 식당, 이탈리아 식당, 커피숍, 룸 서비스, 연회주방, 뷔페주방, 한식당, 일식당, 중식당, 바 등이 있다.

3. 주방의 요리 생산과정(Food Product Process)

주방의 기본요리 생산과정은 식재료의 반입부터 검수공간, 저장공간, 그리고 조리공정과정에서 필요한 장비와 시설물 및 작업동선, 서비스공간이 포함된다. 특히, 조리작업동선의 흐름을 효과적으로 처리하는 데 중점을 두고 주방의 공간이 구성되어야 한다.

요리 생산과정은 주방의 특성에 따라 약간의 차이는 있지만, 다음과 같은 모델이 보편적이다.

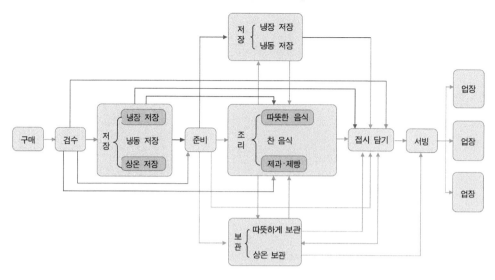

〈주방의 요리생산 흐름도〉

4. 주방조직과 직무(Staff Line and Duty in the Kitchen)

　주방조직이란 요리의 생산, 식자재의 구매, 메뉴개발, 요리제공, 인력관리 등 주방운영에
관계되는 전반적인 업무를 효율적으로 수행하기 위한 일체의 인적 구성을 의미한다. 이러한
조직은 호텔 및 단체급식의 주방조직으로 나눌 수 있는데, 규모와 형태, 메뉴의 성격에 따라
약간의 차이가 있으나 기본적인 구성은 유사하다. 그 역할에 따라 Line과 Staff로 나눌 수 있
으며, Line이란 수직지휘계통을 의미하며, Staff란 수평보좌역할을 뜻한다.

　대규모 호텔의 조리부 조직은 조리부 영업활동에 대한 전체적 권한과 책임을 갖는 총주방
장이 있고, 이를 보좌하는 부총주방장과 일선 단위영업장을 관할하는 단위주방장으로 이루
어져 있다. 이러한 기본조직구성 아래 각 단위영업장을 중심으로 조리장과 부조리장이 있으
며, 그 다음 직급에 따라 1st Cook, 2nd Cook, 3rd Cook, Apprentice, Trainee 등이 있다.

　각 단위주방 안에는 직급에 따라 직무가 분장되어 있다. 이러한 직무는 자기 고유의 직무
이외에 보통 두 가지 이상의 일을 겸하고 있으며, 영업장의 상황에 따라 매우 가변적이라고 볼
수 있다. 왜냐하면 주방의 업무는 업장별 또는 맡은바 직무별로 세분화되어 독자적으로 이루
어지는 것 같으나 실제로 요리를 완성하기 위해서는 이를 각 조직원들이 상호조화되어 이루

어져야 하기 때문이다. 이를 위해서는 각자의 직무를 성실히 수행함과 동시에 조직의 공동목표를 위해서 서로 협력하는 노력이 필요하다.

1) 호텔 주방의 직급별 직무

(1) 총주방장(Executive Chef)

주방의 총괄적 책임자로서 경영 전반에 걸쳐 정책결정에 적극 참여하여 기획, 집행, 결재를 담당한다. 요리 생산을 위한 재료의 구매에 관한 견적서 작성, 인사관리에 따른 노동비 산출종사원의 안전, 메뉴의 객관화, 새로운 메뉴창출 등의 책임과 의무가 있다. 회사이익 극대화의 의무를 가지며, 새로운 요리기술 개발과 시장성 창출에 필요한 경영입안을 제시한다.

(2) 부총주방장(Executive Sous Chef)

총주방장을 보좌하며, 부재 시에 그 직무를 대행하는 실질적인 집행의 수반이다. 각 주방의 메뉴계획을 수립하고 조리인원 적재적소 배치와 실무적인 교육, 훈련을 지휘감독한다. 경쟁사 및 시장조사실시로 총주방장이 제시한 기획, 입안을 실질적으로 실행하는 데 기본적인 책임과 의무가 있다.

(3) 단위업장 주방장(Sous Chef)

총주방장과 부총주방장을 보좌하며, 단위주방부서의 장으로서 조리와 인사에 관련된 제반 책임을 지고 있으며, 경영진과 현장직원 간의 중간역할을 한다.

조리부문 단위부서의 교육과 훈련을 실질적으로 집행하며 조리와 관련된 재료구매서 작성, 월별 또는 연별 계획서를 제출하여 집행하며, 현황을 분기 또는 단기별로 보고한다.

고객의 기호나 시장변화에 적극적으로 대처하고 여기에 알맞은 메뉴를 개발해야 한다.

(4) 수석조리장(Chef de Parties)

단위업장 주방장으로부터 지시를 받아 당일의 행사, 메뉴를 점검하여 고객에게 제공하는 등 생산에서 서브까지 세분화된 계획을 세운다. 일간 또는 주간에 필요한 재료 불출서를 작성하여 수령을 지시하고 전표와 직원들의 업무계획서를 일정기간별로 작성하여 능률과 생산성을 최대화한다.

(5) 부조리장(Demi Chef)

부조리장은 영어로 해석할 때 절반(Demi)의 조리장(Chef)을 의미한다. 따라서 기술은 조리사(Cook)로서 충분히 갖추고 있으며, 장(Chef)으로의 수련 중임을 나타내기 때문에 조리사와 조리장의 중간단계를 밟고 있는 중이다. 따라서 직접적으로 생산업무를 담당하면서 틈틈이 리더(Leader)로서의 역할을 배워야 한다.

(6) 1급 조리사(1st Cook)

기술적인 측면에서 최고기술을 낼 수 있는 단계이며, 조리가공에 실제적으로 가장 많은 활동을 한다. 기구의 사용, 화력조절 등 조리의 중추적인 생산라인을 담당하는 숙련된 기술자라고 할 수 있다. 조리의 처음단계에서 마지막 마무리까지 상세한 노하우(Know-how)를 갖고 있어야 한다.

(7) 2급 조리사(2nd Cook)

1급 조리사와 함께 생산업무에 가담하여 전반적인 생산라인에서 최고의 음식 맛을 낼 수 있는 기술을 발휘한다. 직급 면에서 1급 조리사와 같은 업무를 담당하지만 실무적으로 1급 조리사로부터 지시를 받아 상황대처능력을 키워 나간다. 뿐만 아니라, 1급 조리사 부재 시 그 업무를 대행하고 때에 따라서는 3급 조리사 역할도 수행해야 하는 막중한 업무를 맡고 있다.

(8) 3급 조리사(3rd Cook)

조리를 담당할 수 있는 초년생으로 역할범위가 제한되어 있어 매우 단순한 조리작업을 수행할 수 있지만, 점차적으로 실질적인 조리기술을 습득하기 위한 훈련을 반복해야 한다. 요리생산을 위한 식재료의 2차적 가공이나 기술보조를 함으로써 미래에 자신이 해야 할 업무를 간접적으로 체험하는 시기이다.

(9) 보조 조리사(Cook Helper & Apprentice)

조리에 대한 기술보다는 시작단계에서 단순작업을 수행하고 식재료의 운반, 조리기구 사용법 습득, 단순한 1차적 손질 등을 한다.

상급자로부터 기본적인 조리기술을 계속적으로 지도받으며, 광범위한 요리체계를 일반적인 선에서 학습하는 단계이다.

(10) 조리실습생(Trainee)

현장에서 조리를 처음 접하는 사람으로 조리를 전공한 학생들이나 조리에 관심이 있는 사람이 호텔 조리부에 입사하여 기초적인 조리를 배우는 단계이다.

〈호텔의 주방 직급 및 직무〉

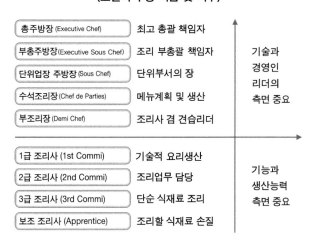

2) 집단급식(단체급식) 조리사의 직무

단체급식은 기숙사, 학교, 공장, 사업장, 후생기관 등에서 특정한 사람을 대상으로 계속적인 음식을 제공하는 것이다. 단체급식은 특정 다수인의 식사를 조리하기 때문에 일반적으로 대형의 조리기기를 사용하고 여러 사람의 조리원이 협동작업에 의해서 한정된 시간과 일정한 식비의 범위 안에서 영양적·위생적으로 능률적인 조리를 하는 것이다.

조리사(주방장/조리실장)는 이렇게 대량으로 식재료를 처리할 때 조리상의 문제점을 파악하여 영양 있고, 맛있고, 위생적으로 안전한 요리를 하기 위하여 조리방법과 기술을 연마해야 하며, 능률적으로 조리작업을 진행해야 하기 때문에 시간배분과 작업분담 등을 계획성 있게 해야 한다. 국가기술자격법에 근거한 한국산업인력공단이 고시한 조리사의 직무는 각 조리부문에 제공될 음식에 대한 계획을 세우고 재료를 선정, 구입, 검수하고 선정된 재료를 적정한 조리기구를 사용하여 조리업무수행 또는 음식제공장소에서 조리시설 및 기구를 위생적으로 관리, 유지, 필요한 각종 식재료를 구입하여 영양적으로 손실이 적고, 위생적으로 안전하게 저장관리하면서 음식을 조리하여 제공하는 직종을 말한다. 이러한 법적 근거와 현재 현장실무에서 시행되는 것을 바탕으로 집단급식(학교급식, 병원급식, 산업체급식 등) 조리사(조리실장/조리장)의 직무를 세부적으로 기술하였다.

(1) 조리 및 조리개발관리

조리사(조리실장/조리장)는 주방에서 실제로 조리를 하면서 조리원의 조리방법을 지도하고, 위생적으로 안전하고, 시각적으로 아름답고, 미각적으로 맛있고, 영양적으로 손실이 없게 조리하기 위해 조리방법을 개발해야 한다.

(2) 식재료의 위생관리

식재료 위생관리는 단체급식에서 가장 중요한 부분으로 식재료를 검수하여 입고되는 순간부터 시작되며, 조리사(조리실장/조리장)가 실질적으로 검수에서부터 식재료 세척, 전처리, 조리, 보관 등 조리업무 전반을 수행하므로 항상 긴장하고 확인하여 음식물을 위생적으로 안전하게 관리해야 한다.

(3) 식재료의 발주 및 검수관리

식품은 조리를 하기 위한 주재료인데, 조리를 하는 조리사(조리실장/조리장)가 조리에 적합한 식품을 발주하여 검수해야 한다. 같은 식품이라 하여도 조리상품에 따라 필요한 규격과 품질 요구에서 큰 차이가 나는 경우가 있다. 이에 조리책임자인 조리사가 적합한 식품을 발주, 검수하여 품질 높은 급식상품을 만들어낼 수 있도록 해야 한다.

(4) 검식 및 배식관리

조리사(조리실장/조리장)는 메뉴별 검식 및 메뉴별 중심온도를 체크하고, 음식이 적절한 양으로 배식되는지를 확인하며, 미배식 잔식량과 고객 잔반량을 확인하고 고객의 의견을 청취하여 메뉴 및 조리방법 개선을 위해 노력한다.

(5) 식단(메뉴)작성 협의 및 평가

단체급식상품의 품질을 높이기 위해서는 조리책임자인 조리사(조리실장/조리장)가 식단 (메뉴)작성 협의에 참여하고 평가해야 한다. 이로써 계절별 식재료의 선정으로 원가를 조절 하며, 맛있는 조리상품을 만들 수 있다. 단체급식은 고객들에게 안전하고 맛있는 식사를 제 공하여 고객들의 만족도를 높여야 하며, 이를 위해서는 맛을 좌우하는 조리책임자와의 협의 과정이 필수적이다.

(6) 급식시설 및 기자재 발주, 검수관리

급식시설의 기자재 사용자이며 관리자인 조리사(조리실장/조리장)가 기자재 및 소모품을 발주하고 수량, 규격 등을 검수해야 한다. 급식의 효율성을 높이고, 위험성을 낮출 수 있는 기 자재의 선별은 직접 사용자인 조리사의 판단이 가장 중요하게 고려되어야 한다.

(7) 조리실 시설위생 및 안전관리

조리실 시설의 위생 및 안전관리는 조리사(조리실장/조리장)가 직접 사용하는 조리기구 및 기기들을 청결하게 유지 관리하며, 조리기기의 사용법을 숙지하여 사용하며, 안전하게 관리 한다.

(8) 조리실 인력관리 및 조리관련자의 조리교육관리

조리실 인력관리 및 조리관련자의 조리교육은 조리책임자인 조리사(조리실장/조리장)가 한다. 조리경력자이며 조리재교육 등을 받은 조리책임자가 조리실의 인력관리 및 조리교육을 하여 효과적으로 조리기술이 전수되어야 한다.

(9) 식재료의 저장관리

조리사(조리실장/조리장)는 냉장고, 냉동고, 창고 등에 있는 식재료의 재고기록 및 재고파 악 후 재고일지를 작성하고 식재료의 적정재고 유지 및 선입선출을 하여 관리한다.

① 학교급식

학교급식은 성장발육기의 아동들에게 신체발달에 필요한 영양공급과 합리적인 식생활에 관한 지식 및 올바른 식생활 습관을 키우는 데 있으며, 또한 학생들에게 바람직한 식습관의 확립과 영양개선, 체위향상, 건강의 증진을 도모하고 나아가 국민식생활 개선에 이바지하는 교육적인 활동이라는 점에 그 특성이 있다. 이러한 학교급식에서 조리사는 학교급식의 고객인 학생들을 만족시키는 가장 중요한 역할을 하는 사람으로서, 급식상품의 품질인 맛을 좋게 하고 서비스와 위생의 수준을 지켜내는 직접적인 실무자이다. 또한 조리사는 식재료를 선정하고 검수 후 조리 및 검식하여 안전하고 맛있는 식사를 학생들에게 제공할 직무가 있다.

② 병원급식

병원급식이란 입원 중인 환자에게 제공하기 위하여 병원이 만든 식사이며, 그 목적은 식사가 질병치료의 보조 및 직접적인 수단으로써 치료식을 제공하는 데 있다. 병원급식은 일반식과 특별식이 있는데, 일반식은 다른 단체급식과 동일하게 만들어지며, 특별식은 의사의 식사처방에 따른 식단에 의해 만들어진다. 특히, 환자의 식이요법을 장기적으로 실시할 때 환자의 입원생활이 즐겁고 쾌적하게 지낼 수 있는 식이요법을 고려한 식사환경을 마련해야 한다. 병원급식은 급식관리 면에서 생각할 때 환자의 기호를 만족시키기 위하여 조리방법, 배식온도, 배식방법 등을 고려하고 위생관리를 철저히 함으로써 급식의 질을 높여야 한다. 병원급식은 질병의 치료를 위한 치료식과 병에 대한 자연치유력을 촉진시키기 위해 영양적으로 균형 잡힌 식사가 요구되는 두 가지 측면이 있다. 이렇게 중요한 두 가지 측면을 성공적으로 수행하기 위해서는 환자가 의사처방에 의해 만들어진 음식을 모두 먹어야 하는데 맛이 없다면 환자는 제대로 식사를 못할 것이다. 음식물을 잔반 없이 먹어야 영양기준량을 섭취하여 질병치료와 자연치유력을 높일 수 있다. 이러한 점을 고려해 볼 때 환자에게 제공되는 음식물을 최종적으로 만드는 조리사의 역할이 매우 중요하다. 예를 들어, 환자를 위해 아무리 잘 짜여진 식단이라 할지라도 조리과정에서 맛과 향, 색 등을 살려서 조리하지 못한다면 환자는 식사를 제대로 못할 것이다. 따라서 병원급식에는 조리기술이 우수한 조리사가 절대적으로 필요하다고 사료된다.

3

주방의 조리기기

1. 조리기기의 개요(Summary of Utensil & Equipments)

조리기기란 기계와 기구를 합하여 말하는 것으로 기계부분이 있는 것을 조리기계, 그렇지 않은 것을 조리기구라고 한다.

조리에 필요한 훌륭한 기기를 갖춘다는 것, 이것이야말로 훌륭한 요리를 만들기 위한 직업인으로서의 자세 중 하나이자 경쟁에서 비교우위를 확보하는 것이다. 훌륭한 기기를 갖추고 이것을 충분히 사용하는 것이 오늘날 능력 있는 조리장이다.

하지만 오늘날 조리기기가 매우 세분화되고 과학화되어 있는 반면, 가격이 고가이고 구입을 하여도 그 성능을 충분히 발휘하지 못하여 투자한 만큼 부가가치를 내지 못하는 실정이다. 동시에 굳이 필요하지도 않은 기기를 구입하여 창고에 방치하거나 실무자들이 사용하지 않아 제 기능을 발휘하지 못하고 경제적인 손실만을 초래하는 경우가 빈번하다. 따라서 기구의 용도를 정확히 파악하고 레스토랑의 규모나 그 레스토랑이 지향하는 요리의 성격에 따라 기구와 기기를 선택해야 한다.

2. 칼(Knife & Cutlery)

1) 칼(Knife)의 개요

원시시대의 유물들을 보면 칼 모양의 석기들이 눈에 띈다. 그 시대에는 돌로 식품을 썰었던 것이다. 그 후 주조업이 발달됨에 따라 무쇠로 칼을 만들어 사용하다가 1900년대에 들어서면서 스테인리스강으로 식칼을 제조하게 되었다. 최초로 금속제 칼을 사용한 때를 거슬러 올라가보면, 『함무라비법전』에서 바빌로니아의 한 의사가 청동나이프를 외과용으로 사용했다는 기록을 찾아볼 수 있다. 철기시대 이후에는 청동과 철로 만든 칼이 동시에 사용되었다.

오늘날의 철제 칼이 처음 만들어진 것은 로마시대로, 외과수술용, 푸줏간용 등 여러 용도에 따라 제조되었다. 고기를 자르기 위한 칼을 식탁에 내놓은 것은 로마시대부터 있었지만, 서양에서는 17세기 중엽까지 음식을 손으로 집어먹었기 때문에 식탁용 나이프와 포크가 사용된 것은 그 이후의 일이다.

조리장을 상징할 때 흰 모자, 깔끔한 복장, 오랜 경험을 갖춘 인격, 다음으로 상상되는 것이 사용하는 '칼'이라 할 정도로 조리에 있어서 칼이 가지는 의미는 중요하다. 물론, 조리기구 중에서 칼이 가장 상징적이고 많이 쓰이는 도구임에 틀림없다.

예술적인 요리를 만들어내는 데 있어 충분히 날카롭고 어떤 기계보다도 효율적인 칼은 현대에 와서 그 수를 헤아릴 수 없을 정도로 세분화되었고 그 질과 용도도 매우 다양하다.

칼을 선택할 때 가격이 비싼 것만을 고집할 필요는 없다. 쉽게 갈아지지만 오랫동안 보존되는 것, 손잡이가 편안하고 균형이 잘 잡힌 칼이라야 사용 시 안전하고 기술을 마음껏 발휘할 수 있다. 그렇지만 무엇보다도 중요한 것은 칼날과 손잡이 부분 쇠가 하나로 이루어진 것이다. 다시 말하면 주물 당시 칼날과 손잡이 부분 쇠가 동시에 이루어진 것을 말한다. 이것은 오랜 시간 칼을 사용하는 조리사의 안전에 문제가 되는 부분이기 때문이다.

2) 칼날의 분류(Classification of Knife Edge)

다양한 식재료와 조리방법이 발전함에 따라 그 목적에 맞게 칼날 또한 여러 형태로 개발되고 발전되어 왔는데 이는 5가지 형태로 분류해 볼 수 있다. 칼날은 조리방법이나 식재료에 따라 적절히 선택해서 사용해야만 조리작업능률을 향상시키고 원하는 형태로 썰 수 있다.

Fine Edge

일반적인 칼날로 부드럽고 깨끗하게 재료를 다루어 과일·채소·고기 등 단단하거나 부드러운 어떠한 재료라도 적당히 자를 수 있다.

Serrated Edge

이 톱니바퀴 칼날은 언 고기나 속이 부드럽고 겉이 딱딱한 과일이나 채소 등을 부드럽고 쉽게 자를 수 있어 유용하다.

Scalloped Edge

톱니칼의 일종으로, 특별히 자르기 어려운 속은 부드럽고 겉은 바삭바삭한 빵 등을 쉽게 자를 수 있다.

Hollow Ground Edge

칼날의 양쪽으로 공기가 통할 수 있어 달라붙기 쉬운 햄이나 치즈 혹은 패스트리나 비스킷 등을 재료의 손상 없이 효과적으로 자를 수 있다.

Wave Edge

칼날이 물결치듯 주름이 잡혀 있는 형태로 채소나 과일 등을 모양내어 썰 때 사용한다.

3) 칼끝의 분류(Classification of Knife Tip)

일반적으로 식칼은 칼끝의 종류별로 크게 3가지로 나눌 수 있다. 아시아형(Low Tip)은 칼날 길이를 기준으로 180mm 정도, 서구형의 부엌칼(Center Tip)은 200mm, 그리고 보통 다용도 칼(High Tip)이라 불리는 160mm 길이의 칼이 있다.

High Tip

이 칼은 칼등이 곧게 뻗어 있고 칼날이 둥글게 곡선처리되었다. 주로 칼을 자유롭게 움직이면서 도마 위에서 롤링하며, 뼈를 발라내거나 하는 다양한 작업을 할 때 사용한다.

Center Tip

이 칼은 칼등과 칼날이 곡선으로 처리되어 한 점에서 칼끝이 만난다. 주로 자르기(cutting)에 편하며, 힘이 들지 않는다.

Low Tip

칼등이 곡선처리되어 있고 칼날이 직선인 안정적인 모양으로, 이 타입의 칼은 부드럽고 똑바르게 잘라져 채썰기 등 동양권 요리에 적당하여 우리나라나 일본과 같은 아시아에서 많이 사용된다.

4) 칼의 종류(Kind of Knife)

명칭	French / Chef's Knife(프렌치 나이프)	명칭	Utility Knife(유틸리티 나이프)
용도	일반적으로 가장 많이 쓰이는 칼(식칼)	용도	여러 용도로 다양하게 쓰이는 칼

명칭	Fish Knife(파시 나이프)	명칭	Bread Knife(브레드 나이프)
용도	생선을 손질하거나 자를 때 사용	용도	껍질이 딱딱한 빵을 자를 때 사용

명칭	Fruits Knife(프루츠 나이프)	명칭	Carving Knife or Slicer(카빙 나이프)
용도	과일을 자르거나 껍질을 벗길 때 사용	용도	로스트비프나 가금류를 썰 때 사용

명칭	Paring Knife(페어링 나이프)	명칭	Decorating Knife(데커레이팅 나이프)
용도	채소의 껍질을 까거나 다듬을 때 사용	용도	과일이나 채소를 모양 내서 자를 때 사용

명칭	Petite Knife(프티 나이프)
용도	과일이나 채소를 둥글게 깎을 때 사용

명칭	Cleaver Knife(클레버 나이프)
용도	소, 생선, 가금류의 뼈를 자를 때 사용

명칭	Boning Knife(보닝 나이프)
용도	뼈에서 살을 발라낼 때 사용

명칭	Butcher Knife(부처나이프)
용도	고기를 자를 때 사용

명칭	Mincing Knife(민싱 나이프)
용도	파슬리나 각종 채소를 다질 때 사용

명칭	Cheese Knife(치즈 나이프)
용도	치즈를 자를 때 사용

3. 조리용 소도구(Cook's Tool & Utensil)

1) 조리용 소도구의 개요(Summary of Cook's Tool & Utensil)

　　소도구의 역할은 한마디로 예술적인 요리창조에 있다. 소도구는 조리업무의 효율성을 높여주고 부가가치를 창출한다. 요리를 하나의 나무라 할 때 하나하나의 나뭇잎 역할을 하는 것이 소도구의 쓰임새다. 종류도 나뭇잎 수만큼이나 헤아릴 수 없고 다양하다. 칼로 할 수 없는 부분, 기계를 사용하기에는 너무 범위가 작은 조리작업을 효율적으로 처리할 수 있다.

　　현대에는 소도구의 디자인이나 재질의 편리성이나 감각적인 면에서 대단히 뛰어나고 내구성과 실용성을 충족시키는 것들이 많으므로 조금만 신경을 쓰면 많은 비용을 들이지 않고도 조리장의 기술을 마음껏 발휘할 수 있다.

2) 조리용 소도구의 종류(Kind of Cook's Tool & Utensil)

명칭	Ball Cutter/Parisian Scoop(볼 커터/파리지앵 스쿠프)
용도	과일이나 채소를 원형으로 깎을 때 사용

명칭	Kitchen Fork(키친 포크)
용도	뜨겁고 커다란 고깃덩어리를 집을 때 사용

명칭	Straight Spatula(스트레이트 스패출러)
용도	크림을 바르거나 작은 음식을 옮길 때 사용

명칭	Oyster Knife(오이스터 나이프)
용도	굴이나 조개껍질을 열 때 사용

명칭	Garlic Press(갈릭 프레스)
용도	마늘을 으깰 때 사용

명칭	Meat Saw(미트 소)
용도	언 고기나 뼈를 자를 때 사용

명칭	Grill Spatula(그릴 스패출러)
용도	뜨거운 음식을 뒤집거나 옮길 때 사용

명칭	Sharpening Steel(샤프닝 스틸)
용도	무뎌진 칼날을 세울 때 사용

명칭	Kitchen Shears(키친 시어즈)
용도	음식재료를 자를 때 사용

명칭	Roll Cutter(롤 커터)
용도	피자나 얇은 반죽을 자를 때 사용

명칭	Zester(제스터)
용도	오렌지나 레몬의 껍질을 벗길 때 사용

명칭	Channel Knife(샤넬 나이프)
용도	오이나 호박 등 채소에 홈을 낼 때 사용

명칭	Cheese Scraper(치즈 스크레이퍼)
용도	단단한 치즈를 얇게 긁을 때 사용

명칭	Butter Scraper(버터 스크레이퍼)
용도	버터를 모양내서 긁을 때 사용

명칭	Wave Ball Cutter(웨이브 볼 커터)
용도	과일이나 채소를 모양내서 깎을 때 사용

명칭	Apple Corer(애플 코러)
용도	통사과의 씨방을 제거할 때 사용

명칭	Whisk/Egg Batter(위스크/에그 배터)
용도	재료를 휘젓거나 거품을 낼 때 사용

명칭	Wave Roll Cutter(웨이브 롤 커터)
용도	라비올리나 패스트리 반죽을 자를 때 사용

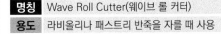

명칭	Grapefruits Knife(그레이프프루츠 나이프)
용도	자몽의 살을 발라낼 때 사용

명칭	Fish Bone Picker(피시 본 피커)
용도	생선살에 박혀 있는 뼈를 제거할 때 사용

명칭	Meat Tenderizer(미트 텐더라이저)
용도	고기를 두드려서 연하게 할 때 사용

명칭	Can Opener(캔 오프너)
용도	캔을 오픈할 때 사용

명칭	Trussing Needle(트러싱 니들)
용도	가금류나 고기류를 꿰맬 때 사용

명칭	Larding Needle(라딩 니들)
용도	고기에 인위적으로 지방을 넣을 때 사용

명칭	Olive Stoner(올리브 스토너)
용도	올리브 씨를 제거할 때 사용

명칭	Egg Slicer(에그 슬라이서)
용도	달걀을 일정한 두께로 자를 때 사용

명칭	Chinois(시누아)
용도	스톡이나 고운 소스를 거를 때 사용

명칭	China Cap(차이나 캡)
용도	토마토 소스, 삶은 감자 등을 거를 때 사용

명칭	Colander(콜랜더)
용도	음식물의 물기를 제거할 때 사용

명칭	Food Mill(푸드 밀)
용도	감자나 고구마 등을 으깨서 내릴 때 사용

명칭	Skimmer(스키머)
용도	스톡 등을 끓일 때 거품 제거에 사용

명칭	Potato Masher(포테이토 매셔)
용도	삶은 감자를 으깰 때 사용

명칭	Soled Spoon(솔드 스푼)
용도	주방에서 요리용으로 쓰이는 커다란 스푼

명칭	Slotted Spoon(슬로티드 스푼)
용도	주방에서 액체와 고형물을 분리할 때 사용

명칭	Ladle(래들)
용도	육수나 소스, 수프 등을 뜰 때 사용

명칭	Sauce Ladle(소스 래들)
용도	주로 소스를 음식에 끼얹을 때 사용

명칭	Rubber Spatula(러버 스패출러)
용도	고무재질로 음식을 섞거나 모을 때 사용

명칭	Wooden Paddle(우든 패들)
용도	나무주걱으로 음식물을 저을 때 사용

명칭	Pepper Mill(페퍼 밀)
용도	후추를 잘게 으깰 때 사용

명칭	Apple Peeler(애플 필러)
용도	사과의 껍질을 벗길 때 사용

명칭	Terrine Mould(테린 몰드)
용도	테린을 만들 때 사용

명칭	Pate Mould(파테 몰드)
용도	파테를 만들 때 사용

명칭	Seafood Tool Set(시푸드 툴 세트)
용도	갑각류의 껍질을 부수거나 속살을 파낼 때 사용

명칭	Avocado Slicer(아보카도 슬라이서)
용도	아보카도를 일정한 두께로 한번에 자를 때 사용

명칭	Mushroom Cutter(머시룸 커터)
용도	양송이를 일정한 두께로 자를 때 사용

명칭	Grapefruit Wedger(그레이프프루트 웨저)
용도	자몽을 웨지형으로 자를 때 사용

명칭	Mincing Set(민싱 세트)
용도	둥근 칼과 둥글게 파인 도마로 다지는 데 사용

명칭	Meat Tenderizer(미트 텐더라이저)
용도	뜨거운 옥수수에 찔러 넣어 손잡이로 사용

명칭	Meat Tender Injector(미트 텐더 인젝터)
용도	고기를 연하게 하기 위해 연육제 첨가할 때 사용

명칭	Asparagus Peeler/Tong(아스파라거스 필러/텅)
용도	아스파라거스 껍질을 벗기고 집을 때 사용

명칭	Salad Toss & Chop(샐러드 토스 앤 촙)
용도	채소의 잎을 들어서 자를 때 사용

명칭	Nuts Cracker(너츠 크래커)
용도	호두, 아몬드 등의 껍질을 부술 때 사용

명칭	Mesh Skimmer(메시 스키머)
용도	음식물을 거르거나 물기를 제거할 때 사용

명칭	Grill Tong(그릴 텅)
용도	뜨거운 음식물을 집을 때 사용

명칭	Spiral Cutter(스파이럴 커터)
용도	채소를 스프링 모양으로 자를 때 사용

명칭	Butter Slice(버터 슬라이스)
용도	버터나 크림치즈 등을 자를 때 사용

| **명칭** | Kitchen Board(키친 보드) |
| **용도** | 재료를 썰 때 받침으로 사용 |

| **명칭** | Wire Glove(와이어 글로브) |
| **용도** | 주로 굴의 껍질을 제거할 때 사용 |

| **명칭** | Wire Brush(와이어 브러시) |
| **용도** | 그릴의 기름때를 제거할 때 사용 |

| **명칭** | Drum Grater(드럼 그레이터) |
| **용도** | 하드 치즈류를 갈 때 사용 |

| **명칭** | Sharpening Stone(샤프닝 스톤) |
| **용도** | 무뎌진 칼의 날을 세울 때 사용 |

| **명칭** | Grater(그레이터) |
| **용도** | 치즈나 채소 등을 갈 때 사용 |

| **명칭** | Sharpening Machine(샤프닝 머신) |
| **용도** | 무뎌진 칼의 날을 세울 때 사용하는 기계 |

| **명칭** | Apple Slicer(애플 슬라이서) |
| **용도** | 사과를 웨지형으로 썰 때 사용 |

| **명칭** | Roast Cutting Tongs(로스트 커팅 텅스) |
| **용도** | 로스트한 고기를 일정한 두께로 썰 때 사용 |

| **명칭** | Hand Blender(핸드 블렌더) |
| **용도** | 수프나 소스를 곱게 만들 때 사용 |

명칭 Egg Poachers(에그 포처)
용도 달걀을 포치할 때 사용

명칭 Pastry Bag & Nozzle Set(패스트리 백 앤 노즐 세트)
용도 생크림 등을 넣고 모양내어 짤 때 사용

명칭 Petit Pastry Cutter(프티 패스트리 커터)
용도 반죽을 모양내어 자를 때 사용

명칭 Souffle Dish(수플레 디시)
용도 수플레를 만들 때 사용

명칭 Pastry Blender(패스트리 블렌더)
용도 재료를 섞을 때 사용

명칭 Dough Divider(도우 디바이더)
용도 반죽을 일정한 간격으로 자를 때 사용

명칭 Muffin Pan(머핀 팬)
용도 머핀을 구울 때 사용

명칭 Bread/Baguette Pan(브레드/바게트 팬)
용도 왼쪽은 식빵, 오른쪽은 바게트를 구울 때 사용

명칭 Large Hotel Pan(라지 호텔 팬)
용도 밧드라고도 함. 음식물을 담을 때 사용

명칭 Perforated Hotel Pan(퍼포레이티드 호텔 팬)
용도 샐러드나 음식물의 물기를 제거할 때 사용

명칭	Small Hotel Pan(스몰 호텔 팬)
용도	가니시나 작은 음식물을 보관할 때 사용

명칭	Medium Hotel Pan(미디엄 호텔 팬)
용도	다양한 음식물을 담아 보관할 때 사용

명칭	Pancake Batter Dispenser(팬케이크 배터 디스펜서)
용도	팬케이크 반죽을 팬에 1개씩 동량으로 놓을 수 있는 기구

4. 계량기구(Measuring Tools)

1) 계량기구의 개요(Summary of Measuring Tools)

　요리를 객관적으로 표시한다는 것은 과학적인 접근에 기초를 마련하는 것이다. 특히, 제빵 부분에서는 더욱 그러하다. 고객에게 제공할 요리재료의 크기와 용량, 무게가 객관성을 가지면 그 요리에 대한 영양가, 원가, 경제성을 확보할 수 있고, 기술전달에도 체계화가 이루어진다.

　계량의 경우 무게를 나타내는 단위에는 그램(grams), 온스(ounces), 파운드(pounds)가 있고, 양을 나타내는 단위에는 티스푼(teaspoons), 컵(cups), 갤런(gallons)이 있으며, 온도를 나타내는 단위에는 섭씨(℃: Celsius)와 화씨(℉: Fahrenheit)를 기본적으로 사용하고 있다.

　영국과 미국에서는 특별한 단서가 없으면 화씨를 기본으로 하나 우리나라의 경우, 섭씨를 사용하는 데 더 익숙한 것으로 보인다. 이러한 단위 외에도 현장에서는 봉지(package), 상자(cases), 낱개(ea) 등 여러 가지 방법이 있으나 재료에 따라 기준이 달라지므로 혼란을 야기할 소지가 다분하다.

그러므로 요리장은 그 업장에서 사용되는 계량법을 객관화하고 계량기구의 사용법도 종사원들에게 교육해야 한다. 무엇보다도 구매, 검수, 재고조사, 원가산출에서 계량법의 통일이 중요한 요소로 작용하므로 관련 부서 간에 사전업무협조가 있어야 한다.

2) 계량기구의 종류

명칭	Measuring Cup(메저링 컵)
용도	음식물의 부피를 계량할 때 사용

명칭	Meat Thermometer(미트 서모미터)
용도	고기나 음식물의 온도측정에 사용

명칭	Measuring Spoon(메저링 스푼)
용도	적은 양의 음식물 부피를 계량할 때 사용

명칭	Electron Scale(일렉트론 스케일)
용도	음식물의 무게를 측정할 때 사용

5. 운반기구(Cart & Trolley)

1) 운반기구의 개요(Summary of Cart & Trolley)

주방에서 식재료나 조리기구, 접시 등을 운반하는 데 필요한 것으로 운반기구를 사용함으로써 일의 효율성을 높일 수 있다.

2) 운반도구의 종류(Kind of Cart & Trolley)

명칭	L-Type Cart 엘 타입 카트	명칭	Sheet Pan Trolley 시트 팬 트롤리	명칭	Dish Trolley 디시 트롤리
용도	주방에서 각종 식재료를 운반할 때 사용	용도	효율적인 공간 활용을 위해 시트팬을 넣어서 사용	용도	많은 양의 접시를 안전하게 운반할 때 사용

6. 조리용 기구(Cook Ware)

1) 조리용 기구의 개요(Summary of Cook Ware)

조리용 기구는 프라이팬이나 스톡 포트, 로스팅팬 등으로 오븐 위 또는 안에서 조리할 때 사용되는 기물이다. 따라서 크기, 모양, 재질, 열전도율과 같은 여러 가지 쓰임새를 생각해서 선택해야 한다.

금속으로 된 조리기구를 선택할 땐 기구의 두께와 무게에 특히 세심한 배려를 해야 하는데, 바닥이 전체적으로 두꺼운 것을 고르는 것이 좋다. 조리기구가 얇은 경우, 열전달이 매우 급속하게 일어나므로 조리 시 적정온도 유지가 어려우며, 대류현상이 불규칙하여 음식이 골고루 조리되지 않는 경우가 발생하기 때문이다. 뿐만 아니라 음식이 쉽게 타고 쉽게 식는다.

조리용 기구의 재질로는 구리, 주철, 알루미늄, 스테인리스 스틸, 유리, 세라믹, 범랑, 플라스틱 등이 있다.

2) 조리용 기구의 종류(Kind of Cook Ware)

명칭	Cooper Frypan 쿠퍼 프라이팬
용도	동으로 만든 프라이팬으로 채소, 생선, 고기 등을 볶거나 튀길 때 사용

명칭	Sheet Pan Trolley 시트 팬 트롤리
용도	강철로 만든 프라이팬으로 음식물을 볶거나 튀길 때 사용

명칭	Dish Trolley 디시 트롤리
용도	동으로 된 소테 팬으로 채소나 고기를 볶은 뒤 육수를 부어 소스를 만들 때 사용

명칭	Iron Grill Pan 아이언 그릴 팬
용도	주철로 된 그릴 팬으로 생선, 채소, 고기 등을 그릴할 때 사용

명칭	Pasta Cooker 파스타 쿠커
용도	각종 파스타를 소량씩 동시에 삶을 때 사용

명칭	Fish Kettle 피시 케틀
용도	적은 양의 생선이나 갑각류를 스팀으로 익힐 때 사용

명칭	Low Sauce Pan 로 소스 팬
용도	팬의 높이가 낮은 것으로 소량의 소스를 끓이거나 데울 때 사용

명칭	Sauce Pan 소스 팬
용도	소스를 데우거나 끓일 때 사용

명칭	Sauce Pot 소스 포트
용도	많은 양의 소스를 만들 때 사용

명칭	Braising Pan 브레이징 팬	명칭	Stock Pot 스톡 포트	명칭	Roasting Pan 로스팅 팬
용도	질긴 고기와 채소, 소스와 함께 뚜껑을 덮고 오랫동안 요리할 때 사용	용도	육수를 끓일 때 사용	용도	육류나 가금류 등을 오븐에서 로스팅할 때 사용

명칭	Sauce Pan Stirrer 소스 팬 스터러	명칭	Pot Rack 포트 랙	명칭	Asparagus Steamer 아스파라거스 스티머
용도	걸쭉한 농도의 수프나 소스가 타지 않도록 자동으로 돌아가면서 젓는 기계	용도	소스 팬이나 소테 팬 등을 고리에 걸어 놓을 수 있게 만든 랙	용도	아스파라거스의 줄기 부분은 높은 열에, 끝부분은 약한 열에 노출되어 조리됨

7. 주방기기(Kitchen Equipments)

1) 주방기기의 개요(Summary of Kitchen Equipments)

조리에 쓰이는 기기는 열 공급원이 가스, 전기, 증기의 힘으로 조리하거나 재가열, 또는 냉각하는 형식이다. 조리기기에는 냉장고와 식기세척기도 포함된다.

대형조리기는 많은 공간을 필요로 하기 때문에 장소의 제한을 받는다. 이렇게 장소도 많이 차지하고 비용도 대단히 비싼 대형조리기기를 선정할 때에는 조리방법, 성능, 내구성, 유지관리의 용이성, 경제성 등을 고려해야 한다.

(1) 조리방법

메뉴가 결정되면 조리에 필요한 기기를 결정하며, 이때 위생적·능률적·경제적인 면을 함께 고려해야 한다. 이 중 한 가지라도 결여되면 만족스러운 방법으로 조리할 수 없게 되므로 여러 기기를 잘 이해하여 조리의 능률적인 면이나 경제적인 면에서 손실이 없도록 해야 한다.

(2) 성능

조리기기의 성능(또는 효율성)을 정확히 판정하기는 쉽지 않으나 조리할 음식의 양, 조리시간, 배식방법, 뒤처리 등을 고려해야 한다.

(3) 내구성

조리기기는 사용빈도가 높으므로 내구성을 충분히 고려해야 한다. 기기의 내구성은 종류, 사용빈도, 관리방법 등에 따라 달라질 수 있다.

(4) 유지관리의 용이성

바람직한 기기는 성능과 내구성이 좋으며, 유지관리가 쉬운 것이다. 그러나 실제로 기기의 유지관리는 쉬운 일이 아니며, 고장의 대부분은 기기전문가에 의해서만 수리가 가능하다. 따라서 기기 구입 시 다음과 같은 기본원칙을 지켜야 한다: 사용하기 쉬운 것, 고장이 잘 나지 않는 것, 청소와 손질이 간단한 것

(5) 경제성

조리기기는 단순히 급식시설의 일부가 아니라, 작업능률의 향상과 함께 식재료원가를 감소시킬 수 있어야 한다. 시설비를 일시에 많이 지출하는 것은 경제적으로 바람직하지 않으므로 연차적으로 이익금의 일부를 축적하여 새로운 시설의 도입 또는 개·보수에 대비해야 한다.

2) 주방기기의 종류(Kind of Kitchen Equipments)

명칭	Vegetable Cutter 베지터블 커터
용도	당근, 감자, 무 등을 칼날의 형태에 따라 다양하게 절단할 수 있다.

명칭	Food Blender 푸드 블렌더
용도	유동성 있는 음식물을 곱게 가는 데 사용

명칭	Slicer 슬라이서
용도	채소, 육류, 생선 등 다양한 식재료를 얇게 절삭하는 데 사용

명칭	Meat Mincer 미트 민서
용도	고기나 기타 식재료를 곱게 으깰 때 사용

명칭	Food Chopper 푸드 초퍼
용도	고기나 채소 등을 다질 때 사용

명칭	Double Boiler/Bain Marie 더블 보일러/뱅마리
용도	수프, 소스, 기타 식재료를 식지 않게 중탕으로 보관할 때 사용

명칭	Meat Saw 미트 소
용도	큰 덩어리의 언 고기나 뼈를 자를 때 사용

명칭	Flour Mixer 플라워 믹서
용도	기본적으로 밀가루를 섞을 때 사용하나 때로는 다른 식재료를 섞을 때도 사용

명칭	Pastry Roller 패스트리 롤러
용도	반죽을 얇게 밀 때 사용

명칭	Microwave Oven 마이크로웨이브 오븐
용도	전자식 오븐으로 음식물을 익히거나 덥히는 데 사용

명칭	Waffle Machine 와플 머신
용도	요철 모양의 와플을 만드는 데 사용

명칭	Coffee Machine 커피 머신
용도	여러 종류의 커피를 만드는 기계

명칭	Rotary Oven 로터리 오븐
용도	오븐 안에서 음식물을 돌려가면서 익히는 전기오븐

명칭	Toaster 토스터
용도	로터리식으로 빵을 대량으로 토스트 할 때 사용

명칭	Sandwich Maker 샌드위치 메이커
용도	샌드위치 만들 때, 빵을 토스트할 때 쓰이며, 그릴 마크가 만들어지기도 한다.

명칭	Griddle 그리들
용도	두꺼운 철판으로 만들어졌으며, 육류·가금류·채소·생선 등을 볶을 때 사용

명칭	Grill 그릴
용도	무쇠로 만들어진 석쇠로 육류, 생선, 가금류, 채소 등을 구울 때 사용

명칭	Broiler 브로일러
용도	그릴과 달리 열원이 위쪽에 있고, 육류·생선·가금류 등을 구울 때 사용

명칭	Low Gas Range 로 가스레인지
용도	낮은 형태의 레인지로 많은 양의 스톡이나 수프, 소스 등을 끓일 때 사용

명칭	Salamander 샐러맨더
용도	열원이 위에 있는 조리기구로 음식물을 익히거나 색을 낼 때 사용

명칭	Induction Range 인덕션 레인지
용도	전기를 열원으로 하는 레인지로 음식물을 볶거나 삶을 때 사용

명칭	Deep Fryer 딥 프라이어
용도	각종 음식물을 튀길 때 사용

명칭	Smoker&Grill 스모커&그릴
용도	육류, 가금류, 생선 등을 훈연으로 익힐 때 사용

명칭	Tortilla Maker 토르티야 메이커
용도	전기를 열원으로 사용하고 멕시코 음식인 토르티야를 만들 때 사용

명칭	Rice Cooker 라이스 쿠커
용도	가스를 사용하며 자동으로 불이 조정되어 밥이 지어지는 기계

명칭	Steam Kettle 스팀 케틀
용도	많은 양의 음식물을 끓이거나 삶아낼 때 사용하는 솥

명칭	Food Warmer 푸드 워머
용도	음식물을 따뜻하게 보관할 때 사용

명칭	Tilting Skillet 틸팅 스킬릿	명칭	Convection Oven 컨벡션 오븐	명칭	Gas Range 가스 레인지
용도	기울어지며 다용도로 사용되는 조리기구로 튀김, 볶기, 삶기 등을 할 때 사용	용도	대류열을 이용한 오븐으로 열이 골고루 전달되며, 음식물을 익히거나 데울 때 사용하는 오븐	용도	일반적으로 요리할 때 가장 많이 사용하는 것으로 레인지 위에서 음식물을 요리

명칭	Bakery Oven 베이커리 오븐	명칭	Proofer Box 프루퍼 박스	명칭	Dish Washer 디시 워셔
용도	베이커리주방에서 주로 사용하며, 빵이나 쿠키 등을 굽는 데 사용	용도	빵을 발효시킬 때 사용	용도	작은 조리도구나 접시 등을 자동으로 세척할 때 사용

명칭	Refrigerator&Freezer 리프리저에이터&프리저	명칭	Drawer Refrigerator 드로어 리프리저에이터	명칭	Topping Cold Table 토핑 콜드 테이블
용도	냉장고와 냉동고가 함께 있는 것으로 음식물을 냉장·냉동 보관할 때 사용	용도	테이블 형태의 서랍식 냉장고로 샌드위치나 샐러드를 만들 때 사용	용도	테이블 앞쪽에 식재료를 담을 수 있게 만들어 피자나 샐러드 만들 때 사용

명칭	Meat Aging Machine 미트 에이징 머신	명칭	Ice Machine 아이스 머신	명칭	Cutting Board Sterilizer 커팅 보드 스테럴라이저
용도	육류나 가금류를 숙성시킬 때 사용	용도	얼음 만드는 기계	용도	주방에서 사용하는 도마를 소독할 때 사용

조리인의 자세와 주방의 안전위생

1. 조리인의 자세와 업무태도

1) 조리인의 자세(Cook's Attitude)

사회구조가 변하고 음식에 대한 시대적 가치가 변함에 따라 외식의 개념이 생겼고 다수의 사람이나 특정 집단을 대상으로 하는 요리의 비중도 커졌다. 1962년 1월 「식품위생법」이 제정되면서 '조리사'라는 명칭이 생겼고 그에 따른 자격제도가 시행되기 시작했다. 이에 따라 조리사는 단순히 음식을 만드는 기술뿐만 아니라 식품, 영양, 공중보건에 관한 지식과 함께 조리에 관한 체계적이고 과학적인 이론이 필수적인 자격요건으로 요구되었다.

경제성장에 따른 생활수준의 전반적인 향상은 음식문화에 많은 변화를 초래했다. 단순히 끼니를 해결하는 차원을 넘어 많은 사람들이 맛과 멋을 동시에 추구하는 경향을 보임에 따라 자연스럽게 조리사라는 직업이 유망직종으로 떠오르게 된 것이다.

조리사란 여러 가지 식재료를 혼합하여 고유의 맛을 유지하는가 하면 새로운 방법으로 독특한 맛을 창조하는 사람을 말하며, 음식을 잘 만드는 것은 물론, 새로운 메뉴를 개발하거나 음식을 아름답게 장식하는 등의 창의성이 필요하다.

인류가 음식을 소비한 단계를 살펴보면 기아를 모면하기 위한 연명의 대책에서 출발하여 점차 식생활로 인식되었고, 그 후는 선택의 단계인 식도락의 단계를 거쳐 최근에는 자기만족을 위한 예술의 단계로까지 발전하고 있다. 이와 같이 현대적인 의미의 조리는 손님들의 먹는 즐거움을 위해 그 과정을 최상의 단계인 예술행위로까지 확대해석하고 있다.

음식의 맛이라는 것은 결국 각 재료의 성분들이 결합해 화학적인 반응을 일으킨 결과물이므로 어떤 양념이 어떤 재료와 결합했을 때 가장 이상적인 맛을 내며, 어떤 조리원리로 가장 예쁜 색을 낼 수 있는지 명백한 과학적 근거가 있어야 한다. 조리사는 그 원리를 깨우쳐 열심히 탐구하고 노력하는 자세로 임해야 한다. 또한 조리사는 식품을 위생적으로 안전하게, 시각적으로 보기 좋게, 미각적으로 맛있게, 영양적으로 영양손실을 최소화시키며, 경제적으로 절약하는 자세가 필요하다.

오랜 시간을 거치면서 지금까지 즐겨 먹던 전통적인 음식들은 사람들의 입맛이 변해 감에 따라 조리사들이 얼마든지 창의적으로 개발할 여지가 많다. 우리는 지금 세계화시대에 살고 있으며 고객의 욕구가 다양화·세분화됨에 따라 새로운 음식을 추구하고 있다. 이러한 욕구를 충족시키기 위해 조리사들은 새로운 요리를 개발하기 위해 연구하고 노력하는 자세가 절실히 필요하다.

(1) 조리사에게 필요한 기본적인 자세(Basic Attitude of Cook's)

① 예술가로서의 자세

조리는 우리 인간의 기본적 욕구를 충족시켜 주는 창작행위이다. 이러한 점에서 모든 조리인은 예술가라는 마음을 갖고 작업에 임해야 하며, 요리 하나하나에 예술적 감각을 최대로 담아야 한다. 이를 위하여 조리이론, 기술습득, 미적 감각의 배양을 위한 꾸준한 노력이 필요하다.

② 인내하며 연구하는 자세

다양한 근무여건에 적응할 수 있는 체력과 꾸준히 참고 견디는 인내심과 조리원리에 대한 연구와 조리를 예술로 승화시킬 수 있는 끊임없는 창조적인 요리연구가 필요하다.

③ 절약하는 자세

회사가 나의 발전의 터전이란 마음으로 기물과 기기를 잘 관리해야 하며, 식재료와 에너지 사용에 있어서 절약하는 자세를 가져야 한다. 나아가 회사의 발전이 나의 발전임을 인식하고 맡은바 최선을 다한다.

④ 협동하는 자세

조리란 주방에서 행하여지는 공동작업으로 동료 및 상하 간에 서로를 존중하고 협동하는 마음으로 직업에 임해야 하며, 인화·단결하는 작업분위기를 조성하기 위하여 솔선수범하는 자세가 필요하다.

⑤ 위생관념에 철저한 자세

조리사의 위생은 아무리 강조해도 지나치지 않다고 할 정도로 조리사의 위생상태는 고객의 건강과 직결되므로 항상 개인위생·주방위생·식품위생에 주의해야 한다.

2) 조리의 중요성

인간의 기본생활을 이루는 3대 요소 중 하나는 먹어야 산다는 것으로 아무리 조리기술이 우수하다 해도 그 요리가 위생적으로 처리되지 않았다면 그것은 사람의 생명을 해롭게 할 것이다. 또한 영양적인 면의 조화도 중요하다 하겠다.

(1) 위생적 측면

인류 질병의 80%는 소화기질환으로서 직간접적으로 식생활과 관련되어 있기 때문에 조리와 위생은 절대적으로 중요하다.

이는 어느 특정인, 특정기관에서 주관하는 것이 아닌 사회 전반의 문제로 개개인이 각각 올바른 지식을 갖고 이것을 자주적으로 행동에 옮길 수 있어야 하며, 위생개념에 관한 교육 훈련이 철저히 이루어져야 할 것이다.

(2) 사회적 측면

국가경제의 급속한 발전과 소득수준의 향상으로 성인병이 나날이 증가하는 추세에 따라 요리를 생산하는 조리부문도 전근대적인 조리방법을 지양하고 국민체력 향상 및 체위발전에 능동적으로 대처해야 할 범사회적인 의무를 안고 있다고 볼 수 있다. 따라서 그 책임은 막중하다 하겠으며, 그에 따라 사회변천의 흐름을 정확히 파악하여 그 시대환경에 부합되는 조리가 되어야 하며, 또 되도록 만들어야 한다.

3) 조리업무

조리업무란 식재료의 구매, 상품의 생산, 판매서비스에 이르는 전 공정에서 발생하는 제반 업무를 말하며, 부차적으로 인력과 주방관리에 관계되는 업무도 이에 포함된다. 그 궁극적 목적은 합리적 조리업무를 통한 상품가치의 극대화와 이를 통한 고객욕구의 충족에 있다 하겠다. 조리업무에 대해 좀 더 자세히 살펴보면 다음과 같다.

첫째, 조리업무의 의사결정단계로서 전년도 매출기록, 호텔의 경우는 객실예약상황, 당일 예매상황 등 기초자료를 이용하여 예상이용객의 수를 예측함과 아울러 소요 식자재의 구매의 뢰와 신메뉴의 작성 · 개발 등이 있다. 이의 효과적 수행을 위하여 시장경제에 늘 관심을 가져야 하며, 동 업계 답사와 정기적 시장조사 등을 통하여 항상 변화에 민감하게 대처하도록 한다. 또한 비수기를 대비하여 식자재의 구매저장과 적정재고량 유지를 위한 정기재고조사 및 구매물품에 대한 철저한 검수 등을 해야 한다.

둘째, 요리상품의 생산단계로서 표준량 목표에 의한 상품생산과 기타 생산에 필요한 여러 조리공정을 말하며, 고객의 욕구에 합당한 조리생산이 올바르게 진행되는지 품질관리에 신경을 써야 한다. 즉, 부적격 요리상품을 사전에 방지하기 위한 예방적 측면의 조리공정관리를 철저히 해야 하고, 이를 통하여 낭비를 줄일 수 있다.

셋째, 요리상품의 판매와 사후관리로서 상품을 통한 고객의 욕구를 극대화해야 하며, 이를 위해 접객원으로 하여금 요리가 신속 · 정확하게 전달되도록 해야 한다. 또한 고객의 요리에 대한 반응을 수시로 점검하고, 고객의 특성을 정확히 파악하여 신메뉴 개발의 기초자료로 사용하며, 이를 위한 고객카드나 매출품목의 기록을 철저히 하여 비인기상품에 대한 대체품목 개발 등 고객관리에 최선을 다해야 한다.

앞으로 조리업무는 인건비의 상승에 따른 경영의 합리화를 위하여 주방시설의 현대화가 이루어질 것이며, 재고관리 · 인력관리 · 메뉴관리의 합리화를 위한 컴퓨터의 사용과 식품가공학의 발달로 인한 다양한 가공품의 사용으로 조리공정이 좀 더 단순화되는 등 많은 변화가 기대된다. 이 같은 변화에 슬기롭게 대처하기 위해서는 자기 변신의 활성화가 더욱 절실하다 하겠다.

2. 주방의 위생관리(Sanitation in the Kitchen)

주방 위생관리란 주방 및 주방과 관련된 사람, 물건이 질병을 일으키지 않도록 청결하게 유지·관리하는 것을 말한다. 즉, 오염된 것이 눈에 보이지 않으며, 병원균이 거의 모두 제거되도록 하여야 하며, 인체에 유해한 화학물질이 없어야 한다. 주방 위생관리는 개인위생관리, 식품위생관리, 주방시설 위생관리의 3부분으로 나눌 수 있는데, 우선순위를 두지 말고 모든 위생관리를 소중하게 다루어야 한다. 성공적인 주방위생의 결과를 얻기 위해서는 주방과 서비스구역에서 이루어지는 모든 과정의 위생과 청결, 병원균, 위해물질의 제거가 중요하다.

위생관리를 하는 궁극적인 목적은 식용가능한 식품을 이용하여 음식상품이 만들어지는 과정에서 조리사와 장비 및 기기를 식품취급상의 인체위해를 방지할 수 있도록 충분하게 위생적으로 관리하는 것이다. 그런데 조리장비나 기물 및 기기를 비위생적으로 관리하여 식품에 세균이나 기타 인체에 위해한 물질이 함유되어 있다든지, 식품을 조리하는 종사자가 질병에 전염되어 있다면, 과연 인체에 어떠한 영향을 미칠 것인가 하는 것이다. 이것은 인간의 생명과 재산을 위협하는 매우 중대한 결과를 초래한다는 것으로 항상 유념해야 한다.

주방에서 종사하는 조리사들은 식품을 모든 위해요인으로부터 안전하게 보존하고 정성껏 조리하여 믿고 찾는 고객에게 위생적이고 안전하게 공급해야 할 의무와 책임이 있다.

1) 개인위생(Individual Sanitation)

음식을 다루는 사람은 항상 건강과 청결한 상태를 유지하여 자신으로부터 각종의 병원균으로 인한 오염 내지는 전염을 근본적으로 차단하여 위생상에 전혀 이상이 없는 음식을 생산해야 한다.

(1) 조리사 준수사항

① 정기적인 신체검사(보건증) 및 예방접종을 받는다.

② 청결한 복장을 한다.

③ 매일 목욕을 한다.

④ 손에 상처를 입지 않도록 손 관리에 유의하며, 항상 깨끗이 씻는다.

⑤ 건강을 제일로 생각하고 건강에 대한 무관심, 과로, 수면부족 등을 피한다.

⑥ 많은 사람이 모이는 장소는 가급적 피한다.

⑦ 질병예방에 따른 올바른 지식과 철저한 실천을 한다.

⑧ 조리에 관계하는 사람 이외에는 주방에 출입하지 못하도록 한다.

⑨ 가급적 술이나 담배는 삼간다.

⑩ 외모는 항상 단정히 한다.

(2) 조리사 의무사항

① 손과 손톱을 깨끗하게 유지한다.

② 보석류, 시계, 반지는 착용하지 않는다.

③ 종기나 화농이 있는 사람은 일을 하지 않는다.

④ 주방은 항상 청결을 유지한다.

⑤ 작업 중의 상태로 화장실 출입을 하지 않으며, 용변 후에는 반드시 손을 씻는다.

⑥ 식품을 취급하는 기구는 입과 귀, 머리 등에 접촉하지 않는다.

⑦ 더러운 도구나 장비가 음식에 닿지 않도록 한다.

⑧ 손가락으로 음식 맛을 보지 않는다.

⑨ 조발은 규정대로 한다.

⑩ 향이 짙은 화장품은 사용하지 않는다.

⑪ 하루 3회 이상 양치질로 입안을 항상 청결히 하여 일정한 입맛을 유지한다.

⑫ 손은 지정된 세숫대에서만 씻는다.

⑬ 작업 중에는 대화를 삼간다.

⑭ 항상 깨끗한 행주(Hand Towel)를 휴대한다.

⑮ 규정된 복장을 착용한다.

⑯ 위생원칙과 식품오염의 원인을 숙지한다.

⑰ 정기적인 교육을 이수한다.

⑱ 식품이나 식품용기 근처에서 기침, 침, 재채기 및 흡연을 하지 않는다.

⑲ 병이 났을 때에는 집에서 쉰다.

⑳ 항상 자신의 건강상태를 체크한다.

(3) 손을 반드시 세척해야 할 경우

① 식재료를 정리하는 중 손에 흙과 같은 오물이 묻은 경우

② 쓰레기통과 쓰레기를 손으로 직접 만진 후

③ 날 음식을 다루기 전후

④ 더러운 의복이나 앞치마, 위생모, 스카프, 안전화, 행주를 만진 경우

⑤ 머리카락이나 얼굴과 같은 신체를 만진 경우

⑥ 신체에 있는 상처를 만진 경우

⑦ 화장실을 이용한 후

⑧ 식품에 사용하면 안 되는 화학물질과 같은 종류를 만진 경우

⑨ 오염된 주방기기, 시설, 그릇류를 만진 경우

⑩ 재채기, 기침, 가래 등을 제거한 휴지를 만진 경우

(4) 올바르게 손 씻는 방법

① 물은 찬물보다 30℃ 전후의 따뜻한 물의 세척력이 우수하므로 충분히 따뜻한 물을 준비하여 손을 적신다.

② 역성비누나 세척용 물비누를 손에 바른다.

③ 양손을 이용하여 비누거품을 내어 손목과 팔 윗부분까지 세척 및 소독하도록 한다.

④ 손가락 사이의 주름과 손톱 밑은 손 전용 브러시를 이용하여 세밀히 세척하도록 한다.

⑤ 흐르는 수돗물로 세제의 성분이 남지 않도록 철저히 씻는다.

⑥ 물기가 남은 손은 손수건이나 종이수건, 혹은 공기 건조기로 완전히 말린 후 작업에 들어가도록 한다.

(5) 위생적인 손 관리

① 손톱은 항상 짧게 자르고 유지한다.

② 손톱에 매니큐어나 손톱 보존용 화장품을 바르면 안 된다.

③ 손톱에 인조 손톱을 부착하면 안 된다.

④ 손가락 주름에도 병원균이 잔류하므로 브러시를 이용하여 청결히 한다.

⑤ 손을 베인 상처나 데인 상처 등은 재빨리 처방하여 음식물에 혈액이나 신체의 일부가 포함되지 않도록 유의해야 한다.

⑥ 손가락을 베인 경우 일회용 반창고를 붙인 후 고무제품으로 만들어진 손가락 붕대를 이용하여 덮은 후 작업하도록 한다.

⑦ 상처가 깊을 경우 가급적 작업하지 않는 것이 좋다.

⑧ 위생장갑을 사용한다.

(6) 위생복 관리

① 착용목적

식품위생법 시행규칙 제19조4항에 의거, 청결한 복장상태를 유지하여 위생적인 조리업무의 수행을 하는 데 목적이 있다.

② 착용방법

■ 위생복

위생복은 조리종사원의 신체를 열과 가스, 전기, 위험한 주방기기, 설비 등으로부터 보호하는 역할을 하면서, 또한 음식을 만들 때 위생적으로 작업하는 것을 목적으로 한다. 따라서 자주 갈아입는 것이 중요하며, 더럽혀지거나 오염되지 않도록 하는 것이 중요하다.

주방종사원이 옷에 손을 닦거나, 음식물을 바르거나, 뜨거운 물건을 옮길 때 위생복을 사용하면 안 된다. 즉, 음식물과 위생복의 접촉을 피하도록 하는 것이 중요하며, 주방종사원이 주방에서 업무를 할 때에는 항상 위생복을 착용하도록 한다.

종사원들이 옷 갈아입는 장소를 따로 마련하여 음식이 외부에서 묻어 온 이물질에 오염되지 않도록 하는 것이 중요하다.

위생복은 조리사의 체형에 맞는 치수로 제작되어야 하는데, 너무 크거나 작으면 조리작업

시 위험한 상황에 그대로 노출된다. 작업할 때는 상의 소매에 음식물과 액체류의 물질, 조미료, 가루 제품 등이 쉽게 묻어 더러워지므로 적당히 걷는 것이 좋다. 하의는 너무 길지 않게 하고 허리 사이즈에 적합한 치수를 골라서 입는다.

■ 위생모 및 스카프

위생모는 머리카락과 머리의 분비물들이 음식에 섞여서 음식을 오염시키거나 품위를 손상시키지 않게 하기 위해 주방에서 조리작업을 할 때 반드시 착용해야 한다.

위생모는 보통 종이나 나일론이나 플라스틱이 포함된 합성종이 또는 천으로 만들어지는데, 종류도 다양하다. 너무 길거나 넓은 모자는 작업을 방해하므로 적당한 크기를 선택하여 모자 아랫부분의 접합부분을 잘 마무리하여 모자가 흘러내리지 않도록 한다. 위생모에는 머리카락이 완전히 들어가야 하며, 여성조리원은 머리를 그물망으로 잘 정돈한 후 모자를 쓰도록 한다. 위생모를 귀가 보이지 않을 정도로 너무 깊이 눌러쓰지 않도록 한다.

위생모는 보통 일회용을 많이 이용하므로 더럽혀지거나 찢어진 위생모는 과감히 버리고 깨끗한 위생모를 착용하는 것이 좋다.

여성이 주로 이용하는 스카프의 경우 머리카락을 완전히 숨길 수 있도록 하며, 긴 머리의 경우 위생모 착용 때와 마찬가지로 그물망으로 잘 정돈한 후 얼굴 라인을 따라 잘 매어준다.

■ 안전화

주방의 바닥은 항상 물에 젖어 있으며, 여러 가지 작업 후 테이블에서 떨어진 각종 부산물과 조리에 사용한 기름 등이 떨어져 있다. 또한 주방의 작업테이블에는 식도와 각종 주방장비가 널려 있다. 그러므로 주방은 미끄러짐으로 인한 낙상, 찰과상, 주방기구로 인한 부상을 당할 위험이 잠재되어 있는 곳이다.

조리안전화는 보통 질긴 가죽으로 외피를 구성하고 있으며, 발가락과 발등 위에는 쇠로 만들어진 안전장치가 들어 있다. 또한 미끄러짐을 방지하도록 바닥은 특수하게 처리하는 것이 안전하다.

■ 앞치마

앞치마는 조리종사원의 의복과 신체를 보호하기 위해서 꼭 착용해야 하는 것으로 여러 종류가 있다. 일반 조리사를 위해 천으로 된 것과 물일을 많이 하는 조리사를 위해 고무로 코팅된 앞치마, 일회용 앞치마 등이 있다. 앞치마는 보통 하의의 벨트 위 배 부분에 매거나 어깨와 등에 매듭으로 매기도 한다. 앞치마를 맬 때는 흘러내리지 않도록 하며, 음식물이나 오염물질이 묻어 더러워지면 즉시 교체해 음식이 오염되지 않도록 한다.

■ 머플러

조리종사원은 항상 머플러를 착용해야 하는데, 이는 각종 위험에 노출되어 있는 주방에서 불의의 사고로 인하여 생기는 상해를 응급처치하기 위해 꼭 필요하기 때문이다. 머플러는 잘 말아서 목에 걸고 필요한 때 쉽게 탈착할 수 있도록 적당히 힘을 주어 매는 것이 좋다.

■ 각종 장신구

주방종사원들이 주방에서 업무를 할 때는 시계, 반지, 귀걸이, 팔찌 등의 장신구를 모두 탈착해야 한다. 이는 장신구에 이물질이 쉽게 부착될 수 있고, 음식을 만들 때 음식에 들어가서 손님들의 신체에 상해를 줄 수 있기 때문이다. 또한 이러한 장신구는 주방설비와 기기들에 휩쓸려 심각한 신체적 상해를 줄 수도 있다.

2) 식품위생(Food Sanitation)

(1) 식품위생의 의의

식품위생관리란 "식품 및 첨가물, 기구, 포장을 대상으로 하는 음식에 관한 위생으로서, 비위생적인 요소를 제거하여 음식으로 인한 위해를 방지하고 우리의 건강을 유지·향상시키기 위해서" 하는 것이다.

(2) 식품위생관리의 필요성과 목적

식품의 부패, 변패, 유해미생물, 유해화학물질 등을 함유한 유해식품으로 인한 위생상 위해 내용을 배제하여 식품가공을 통한 조리음식을 제공함으로써 식품영양의 질적 향상과 국민의 건강한 실생활 공간으로 제공하는 것이 식품위생관리의 절대적인 필요성이다. 세계보건기구에서는 식품에 대한 위생관리(sanitation)를 "식재료의 재배, 수확, 생산 및 이를 원료로 한 식품의 제조에서부터 그 음식물이 최종적으로 소비될 때까지 모든 과정에 있어서 건전성, 안전성, 완전성 확보를 위한 조치"라 규정하고 있다. 식품위생관리를 하는 목적은 식품 및 첨가물의 변질, 오염, 유해물질의 유입 등을 방지하고 음식물과 관련 있는 첨가물, 기구, 용기, 포장 등에 의해서 불필요한 이물질이 함유된 비위생적인 요소를 제거함으로써 이와 같은 원인을 미연에 방지하고 안전성을 확보하기 위한 것이다.

(3) 식품위생대책

① 식중독 발생 시의 대책

- 보호자 : 환자구호, 확대방지, 가검물 보존, 보건소에 신고, 의사의 진단실시, 재발방지, 위생관리
- 보건소 : 원인조사실시, 가검물 수거, 행정계층을 통한 보고

② 예방대책

- 세균성 식중독 : 신선한 식품 사용, 세척, 시설개량, 급수위생관리, 폐수시설위생관리, 손청결, 복장청결, 보균자 및 환자의 작업종사 금지, 화농성 질환자 작업종사 금지, 건강진단 실시, 식품의 저온보관, 가열살균, 조리와 가공의 신속한 처리
- 화학물질의 식중독 : 불량기구, 사용금지용기 및 기구의 무사용, 용기의 청결, 농약의 위생적 보관, 농약의 사용방법준수, 사용금지된 첨가물의 무사용
- 자연독 식중독 : 유독한 동식물의 감별에 주의, 유독한 부위의 제거

③ 식품의 오염대책

폐수처리시설 관리, 수확기는 일정기간 동안 농약사용 금지, 방사성물질 격리, 연성세제 사용 등에 의해 식품이 오염되지 않도록 하고, 오염된 식품은 오염원인을 조사하여 확대방지, 오염식품폐기 등을 실시한다.

(4) 식품의 감별법

① 쌀

- 충분한 건조
- 단단한 것

- 색의 윤택성 유지

- 형태는 타원형, 굵고 입자가 정리된 것

- 무취

- 잡물질이 없는 것

② 소맥분

- 가루의 결정이 미세한 것

- 끈끈한 전분이 함유된 것

- 색이 희고 밀기울이 섞이지 않은 것

- 가루가 뭉쳐지지 않고 벌레가 없는 것

- 건조가 양호하고 냄새가 없는 것

③ 채소, 과실류

- 상처가 없는 것

- 형태가 갖추어진 것

- 색이 좋은 것

- 건조되지 않은 것

④ 어류

- 색이 선명한 것

- 고기가 연하고 탄력 있는 것

- 눈이 빛나고 아가미가 붉은 것

- 신선한 것은 물에 가라앉고, 오래된 것은 물에 뜬다.

⑤ 연제품(소시지나 햄류)

- 표면에 점액이 나오는 것은 오래된 것, 손으로 비벼서 벗겨지는 것은 썩은 것

- 염산수를 만들어서 연제품에 살짝 대었을 때 연기가 나오는 것은 오래된 것

⑥ 육류

- 색깔이 곱고 습기가 있는 것이 신선함

■ 오래된 것은 암갈색으로 점차 말라가고 탄력이 없음

■ 썩기 시작하면 녹색이 되고 점액이 나옴

■ 병으로 죽은 소와 돼지의 고기는 피를 많이 함유하여 냄새가 남

■ 고기를 얇게 잘라서 투명하게 비쳤을 때 반점이 있는 것은 기생충이 있는 것

⑦ 난(알)

■ 껍질은 꺼칠한 것이 신선하고, 매끄럽고 광택이 있는 것은 오래된 것

■ 빛을 쬐었을 때 밝게 보이는 것은 신선하고, 어둡게 보이는 것은 오래된 것

■ 물에 넣었을 때 누워 있는 것은 신선하고, 서 있는 것은 오래된 것

■ 6%의 식염수에 넣었을 때 뜨는 것은 오래된 것

■ 알을 깨뜨렸을 때 노른자가 그대로 있고 흰자가 퍼지지 않은 것이 신선한 것

⑧ 우유

■ 용기나 뚜껑이 위생적으로 처리되고 보기에도 깨끗하며, 날짜가 오래되지 않은 것

■ 이물이나 침전물이 없는 것

■ 색깔이 이상하지 않고 점성이 없는 것

■ 신맛, 쓴맛이 있는 것은 좋지 않음

⑨ 버터

■ 외관이 균일하고 곰팡이가 슬었거나, 반점이나 무늬가 있는 것은 좋지 않음

⑩ 치즈

■ 곰팡이가 슬지 않은 것, 건조하지 않은 것

⑪ 통조림

■ 외관이 정상이고 라벨에 의해 내용, 제조자명, 소재지, 제조 연월일, 무게, 첨가물의 유무 확인

3) 주방시설위생(Sanitation in the Kitchen Equipment)

(1) 주방시설위생의 개요

조리장에서 시설이란 주방이 차지하는 공간부터 식품을 다루는 모든 기구와 장비들을 총 칭하는 말로서, 이에 대한 청결관리를 시설위생이라 한다. 이는 현대화된 주방을 운영하기 위해서는 필수적인 사항으로 대단히 중요한 것이다.

(2) 시설위생의 필요성

어떠한 사업체 내의 조리장이라 하더라도 조리장 내의 각종 기기와 기구의 관리보수는 영선 및 시설 혹은 그 외의 담당부서에서 관리해 주지만 주방 내의 모든 시설은 조리사들이 이용하는 것이므로 각종 시설에 관한 일차적인 책임은 조리사에게 있다. 위생적인 시설 유지관리는 결국 소속사업체의 재산관리 및 이익에 영향을 주므로 각종 시설을 위생적으로 관리해야 한다.

(3) 시설위생의 목적

각종 조리시설장비를 청결하게 관리하여 식자재를 안전하게 유지보관하고 원활히 사용할수 있게 하여 위생적인 음식을 생산하는 데 목적이 있다.

(4) 위생적인 시설을 유지하기 위한 사항

① 주방청소

■ 주방은 1일 1회 이상 청소해야 한다.

■ 벽, 바닥, 천장의 표면은 효과적으로 청소할 수 있도록 단단하고 매끄러워야 하며, 벽이나 바닥의 타일 등이 파손되었을 경우에는 즉시 보수한다.

■ 주방 내의 온도는 16~20℃, 습도는 70% 정도가 적합하며, 항상 통풍이 잘 되도록 환기시설을 가동시켜야 한다.

■ 주방 내의 조명도는 50~100LUX 정도가 가장 좋으며, 가능한 자연에 의한 채광효과를 얻을 수 있도록 하는 것이 좋다.

■ 식재료 반입 시 들여온 빈 상자는 주방 내에 적재해 두지 않음으로써 해충의 번식을 막는다.

- 주방은 정기적인 방제소독을 실시해야 한다.
- 각종 해충 및 쥐를 구제할 수 있는 근본적인 시설과 관리대책이 수립되어야 한다.
- 주방관계자 외 외부인의 출입은 금지해야 한다.
- 주방에서는 잡담을 금하며, 담배를 피우거나 침을 뱉지 않는다.
- 폐유(Used Oil)는 하수구를 통해 버리지 않는다.

② 냉장고, 냉동고

- 내부는 항상 깨끗하게 사용하며, 온도조절에 유의한다. 특히, 영업시간 종료 후 익일 영업개시까지 신경을 더 쓴다.
- 선반과 구석진 곳은 특별히 청결하게 하며, 냉장고 청소 후에는 내부를 완전히 말린 뒤에 사용한다.

③ 기기류(Mixer, Chopping machine, Steam Kettle, Oven range, Slice machine)

- 사용 후에는 지체 말고 깨끗이 닦는다.
- 기계 내부의 부속품에는 물이 들어가지 않도록 한다.
- 기기 내의 칼날을 비롯한 부속품은 물기를 제거하여 곰팡이나 병원균이 서식할 수 없도록 한다.
- Deep Fry의 경우 기름은 매일 뽑아내어 거르고, 용기는 세제로 세척하여 찌꺼기가 남지 않도록 한다.
- Grill 면은 영업종료 후 금속 고유의 윤이 나도록 닦는다.
- Steam 솥은 조리나 세척 후에 물기가 남지 않도록 세워둔다.
- Bain Marie는 물때가 끼지 않도록 자주 닦아낸다.

④ 기물류

- 각종 기물이나 소도구는 파손 또는 분실되지 않도록 사용 후 세척하여 제자리에 놓는다.
- 주방냄비는 사용상태에 따라 정기적으로 대청소를 한다.
- Broiler와 쇠꼬챙이는 사용 후 세척하고 탄소화되어 눌어붙은 부분은 쇠 솔로 깨끗이 닦아낸다.
- Oven 속에서 자주 사용하는 pan은 음식물과 기름이 눌어붙어 탄소화되지 않도록 매번

닦는다.

- 금속재질이 알루미늄이 아닌 것은 과도한 열을 주지 않는다.
- Fry pan 사용 후 다음 사용자를 위하여 깨끗이 세척하여 열처리를 마친 후 제자리에 보관한다(이때 세제는 사용치 않는다).
- 칼은 사용 후 재질에 따라 적당한 처리를 하여 보관한다.
- 도마는 깨끗이 사용한 뒤 물기를 제거하여 둔다(나무도마는 일광소독을 한다).
- 모든 기물은 부피가 작은 것이라도 내려놓은 채로 방치하지 않는다.
- 모든 기구나 기물은 주방 바닥에 내려놓은 채로 방치하지 않는다.
- 기물 세척 시 재질이 상이한 기물은 분리하여 세척한다.

⑤ 기타

- 쓰레기통은 잔반과 쓰레기를 분리하여 사용하되 뚜껑은 항상 덮어둔다.
- 주방의 하수도 통로는 주기적으로 닦는다(악취 및 병원균의 온상이 되지 않도록).
- Hood Filter와 Duct는 조리 중 음식물에 이물질이 떨어지지 않도록 항상 청결히 한다.
- Stainless 작업대 선반이나 내부에 산화되기 쉬운 용기는 장기간 적체하지 않는다.
- 작업대나 벽, 그리고 작업대 사이는 음식물 부스러기가 들어가지 않도록 틈새를 좁히거나 고무로 틈을 메운다.
- 음식을 담는 도자기류는 긁히지 않도록 항상 주의한다.
- 음식조리 중에는 벽이나 천장에 충격을 가하지 않도록 한다.

3. 주방안전관리(Safety in the Kitchen)

조리장의 규모가 대형화되고 각종 기기들의 도입이 늘어나 이제는 조리공간이 커다란 공장을 연상케 한다. 이렇게 조리장의 대형화는 재해에서도 대형사고를 유발하게 되어 인명 또는 재산상의 손실을 가져오고 있다. 따라서 안전은 주방 또는 관련된 사업장에서 발생할 수 있는 신체상의 피해를 사전에 예방할 수 있는 대책과 실행을 의미한다.

우선 개인적으로 조리 시에 발생할 수 있는 각종 사고요인을 파악하고 조리 시 안전수칙에 대한 주의를 기울인다면 사고발생을 현저히 줄일 수 있을 것이다.

현대화된 각종 조리장비는 업무능률을 향상시키는 데 많은 도움을 주고 있지만 잘못된 기기 작동이나 부주의로 피해를 입는 경우가 자주 발생하고 있다. 또한 아무리 기술이 발달하였다 할지라도 조리와 불은 서로 뗄 수 없는 관계이다. 우리가 기억하는 대형 화재사건의 대부분은 주방에서 화기 부주의로 일어났다는 것을 상기해 볼 때 조리 시 화재방지에 대한 생활화는 아무리 강조해도 지나치지 않다.

주방의 안전 및 재해사고를 방지하기 위해서는 무엇보다도 주방설비의 올바른 시공이 중요하며, 종사원들의 전체적이고 올바른 교육과 업무수행에 있다. 종사원들의 교육에 있어서도 각 파트별 교육과 전체적인 집단교육 등 장소와 업무내용에 따라 배분하여 실시하는 것이 올바르다고 할 수 있다.

1) 주방에서 개인안전

① 칼을 사용할 때에는 시선을 칼끝에 두며, 정신을 집중하고 안정된 자세로 작업에 임한다.

② 주방에서 칼을 들고 다른 장소로 옮겨갈 때에는 칼끝을 정면으로 두지 않으며, 지면을 향하게 하고 칼날은 뒤로 가게 한다.

③ 주방에서는 아무리 바쁜 상황이라도 뛰어다니지 않는다.

④ 칼로 Can을 따거나 본래 목적 외에 사용하지 않는다.

⑤ 칼을 보이지 않는 곳에 두거나 물이 든 싱크대 등에 담가두지 않는다.

⑥ 칼을 떨어뜨렸을 경우, 잡으려 하지 않는다. 한 걸음 물러서면서 피한다.

⑦ 칼을 사용하지 않을 때에는 안전함에 넣어서 보관한다.

⑧ 주방 바닥은 미끄럽지 않은 상태로 유지한다. Oil이나 물기를 제거한다.

⑨ 뜨거운 용기나 Soup 등을 옮길 때에는 주위 사람들을 환기시켜 충돌을 방지한다.

⑩ 뜨거운 Soup나 끓는 물에 재료를 투입할 때에는 미끄러지게 하여 넣는다.

2) 주방기기 및 시설안전

(1) 일반적 안전수칙

① 손에 물이 묻어 있거나 물이 있는 바닥에 서 있을 때에는 전기장비를 만지지 않는다.

② 전기장비를 다룰 때에는 스위치를 끈 뒤에 만진다.

③ 각종 기계는 작동방법과 안전수칙을 완전히 숙지한 후에만 사용한다.

④ 스위치 끈 것을 확인한 뒤 기계를 조작하거나 닦는다. 기계가 작동을 완전히 멈출 때까지 기계를 만지지 않는다.

⑤ 전기장비와 전기장치를 점검하고 전기코드를 꽂을 때, 기계 자체에 부착된 스위치가 꺼져 있는가를 먼저 확인한다.

⑥ 작업이 끝나면 전기코드를 뽑기 전에 장비에 부착된 스위치를 먼저 끈다.

⑦ Meat Slicer를 청소할 때에는 절단하는 칼날에 손이 닿지 않도록 거리를 두고, 기계를 사용하지 않을 때에는 칼날을 닫아 놓고 스위치는 항상 꺼져 있어야 한다.

⑧ 평소 냉동실의 문을 안에서도 열 수 있는지 확인하고 작동상태를 점검한다.

⑨ 호스로 물을 뿌릴 때에는 전기플러그, 각종 기계의 스위치에 물이 튀지 않도록 주의한다.

(2) 전기 사용 시 주의사항

① 콘센트에 플러그를 완전히 삽입하여 접촉부분에서 열이 발생되지 않도록 한다.

② 스위치 및 콘센트, 플러그의 고정나사가 장기사용으로 풀려 흔들릴 경우에는 위험하므로 사용을 중지한다.

③ 한 개의 콘센트에 여러 개의 전기기구를 사용하지 않는다.

④ 스위치, 콘센트, 전기기구의 부근에 가연물, 인화물질이 없도록 한다.

⑤ 전기용량을 정격치보다 초과하여 사용하지 않는다.

⑥ 스위치, 콘센트에 충격을 가하지 말고 물을 뿌리지 않는다.

⑦ 물 묻은 손으로 스위치, 콘센트, 전기기구를 다루지 않는다.

⑧ 비닐코드선은 사용하지 않는다.

⑨ 전기기구 사용 중에는 자리를 비우지 말고 사용 후에는 플러그를 빼놓는다.

⑩ 커피포트 및 전기히터 등 용량이 많은 전열기는 함께 사용하지 않는다.

(3) GAS 사용 시 주의사항

① 도시가스는 냄새가 있어 새는 것을 쉽게 알 수 있으며, 공기보다 가벼운 가스이므로(LPG
　는 공기보다 무겁다) 가스가 새면 높은 곳으로 몰리기 때문에 사용 전 반드시 환기를 잘
　시켜야 한다.

② 연소기기 부근에는 불붙기 쉬운 가연성 물질(호스 등)을 두어서는 안 된다.

③ 콕과 연결부, 호스 등을 비눗물로 수시로 검사하여 GAS가 새는지 여부를 확인해야 한다.

④ GAS의 사용을 중단할 경우에는 연소기구의 콕, 밸브는 확실하게 닫아둔다.

⑤ GAS가 새어 냄새가 날 때에는 즉시 부근의 화기를 꺼버림과 동시에 콕, 주밸브, 용기밸
　브를 모두 닫고 창이나 출입구를 열어 통풍을 시키며 비상관제실에 통보한다.

⑥ GAS 사용 시 자리를 비우지 말고, 끓어 넘쳐 불이 꺼지는가를 감시해야 한다.

⑦ GAS가 나오면서 호스, 배관 등에 화재가 났을 경우, 먼저 가스 중간밸브를 차단하고 소
　화기로 불을 소화한다.

⑧ GAS가 나오는 상태에서 불을 끄면 폭발의 위험이 있다.

(4) 화재예방

① 첫 출근자는 가스누출 여부(콕, 중간밸브, 메인밸브가 잠겨 있고, 시건장치는 되어 있는가)
　를 확인한 후 출입문을 개방하고 소화기의 위치를 확인한 다음 점화한다.

② LPG와 LNG 가스의 기본성질을 알아둔다.
　– LNG 가스는 공기보다 0.65배 가볍다.
　– LPG 가스는 공기보다 1.2~1.3배 무겁다.

③ 가스기기를 사용할 때에는 자리를 이탈하지 않는다.

④ 가스기기의 콕, 중간밸브, 배관 등에 충격을 가하지 않는다.

⑤ 종료 시에는 콕 → 중간밸브 → 메인밸브의 순으로 잠그고 마지막으로 메인밸브에 시
　건장치를 한다.

⑥ 전기 또는 가스 오븐 주위에 인화물질을 두지 않는다.

4. 화재진압요령(화재발생 초기)

① 침착하게 행동한다.

② 주위의 근무자에게 통보한다.

③ 소화탄, 소화기를 사용하여 초기에 소화한다.

④ 통보시설을 이용, 비상관제실에 통보한다.

5

음식의 맛과 조미(가미)원리

1. 음식 맛의 개요(Summary of Food Taste)

1) 음식 맛의 의의

맛이란 음식을 섭취하는 과정에서 느끼는 오감 중에서 혀 표면의 미뢰(taste bud)에 의하여 감지된 감각이라고 정의할 수 있다. 즉, 맛(taste)은 음식물을 입에 넣고 씹어서 삼킬 때까지 느끼는 감각을 총합한 것이다. 맛의 좁은 의미는 음식물을 입안에 넣었을 때 혀만으로 느끼는 맛이며, 넓은 의미는 혀로 느끼는 맛 이외에 눈, 코, 피부, 소리로 느끼는 감각의 복합적인 맛을 뜻한다. 또한 맛의 결정에 관여하는 요소로는 입, 눈, 코, 귀, 피부감각 이외에 식습관, 분위기, 공복감, 건강상태, 기후 등이 있다.

맛의 감각은 연령별, 성별, 생리상태, 개성, 냄새, 향, 온도 등에 따라 주관적일 수 있다. 따라서 음식의 맛은 기호와 밀접한 관련이 있으며, 음식의 품질을 결정하여 주는 중요한 요소이다. 좋은 품질의 음식을 만들려면, 맛 성분 이외에도 향기, 질감 등의 요소도 필요하며 맛, 질감, 향기 등을 종합하여 풍미(flavor)라고 한다.

또한 풍미(flavor)는 음식물이 부여하는 감각으로서 맛(taste)과 냄새(odor)를 위주로 하여 기타 촉각(tactile sensation), 통각(sens of pain), 온각(temperature sensation)을 종합한 감각,

또는 위와 같은 감각을 주는 음식물의 종합적 특성을 말한다. 즉 풍미는 음식물의 종합적 특성을 말하여 식품 특성의 두 가지 뜻을 나타내는데 일반적으로 음식물의 비휘발성 성분은 미각으로, 휘발성 성분은 후각으로 인식되며 기타 성분이나 특성들도 구강이나 비강을 자극하여 기타 풍미감각에 관여한다고 한다.

일반적으로 음식물의 관능적 품질 요소는 겉모양(appearance), 향미(flavor) 및 조직감(texture)으로 분류하는데, 겉모양은 색채, 크기, 형태와 같은 시각적 요소들이며, 향미는 냄새와 맛을 포함하는 후각, 미각적 요소들이고, 조직감은 근육운동에 의하여 느껴지는 성질과 촉감, 청각 등에 의하여 감지되는 요소들이라고 한다.

2) 미각의 생리

음식의 맛은 혀 유두(lingual papillae)에 있는 미각 감각기관인 미뢰(taste bud)의 미각신경이 주로 화학적 자극을 받아 일어나는 감각이다. 이것은 음식이 입속에서 가용성 물질과 침이 혼합되어 혀의 표면을 생리적, 물리적, 화학적으로 자극해 흥분시킴으로써 느끼게 되는 감각 기능을 가지고 있다. 특히 맛을 느끼는 감각으로는 가용성 정미물질이 입속에서 혀 표면의 미공을 통과하여 미뢰로 들어와 미각세포를 자극하면서 미각신경에 전해지고, 나아가 대뇌에 전달됨으로써 맛을 느끼게 된다. 맛을 내는 물질(taste substance)과 맛을 느끼는 수용체(taste receptor) 간의 상호작용에 관한 메커니즘이 명확히 보고된 바는 없지만 맛을 내는 화합물이 수용체 세포 내의 특이한 단백질과 상호반응을 한다고 한다. 일반적으로 혀 부위의 미각감수성은 맛에 따라 다르지만, 단맛은 혀의 끝부분, 쓴맛은 혀의 뿌리부분, 신맛은 혀의 양쪽부분, 짠맛은 혀의 끝과 양쪽에서 느껴지며, 매운맛은 혀의 끝에서 가장 강하게 감지된다.

한편 매운맛과 떫은맛은 미뢰를 자극하는 이외에 입안의 점막을 자극하여 아픔이나 온도를 느끼는 감각 등이 복합된 것으로 기본적인 맛과 맛을 느끼는 감각 전달양식이 다르다. 음식의 맛은 인간의 식욕에 중요한 요소로 작용하며 음식의 품질을 결정하는 척도로써, 인체의 오관을 통하여 자극된 총체적인 결론으로 나타난다.

2. 음식 맛의 분류(Classification of Food Taste)

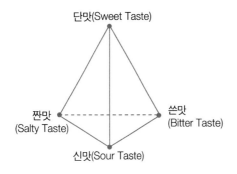

Henning의 분류에 따르면 음식의 맛은 맛의 정사면체를 나타내며, 가장 기본적인 맛을 단맛(sweet), 신맛(sour), 짠맛(salty), 쓴맛(bitter)의 4원미(four primary)로 분류하면서 시각·청각·후각·촉각 등에 의해서 복합적으로 느껴진다고 하고 있다. 이와 같이 기본적인 맛의 4원미 이외에도 구수한 맛(지미), 매운맛(신미), 떫은맛(섭미), 아린맛(결미), 금속맛(금속미) 등이 있다. 우리가 느끼는 미각을 동양의 노자는 5미, 불교에서는 6미로 분류하였으며 서양의 Bain Wundt 역시 6미로 Henning은 4미로 분류하였다. 국내의 학자들은 기본적인 4가지 맛에 감칠맛을 포함하여 5가지로 구분하기도 하고 대부분의 학자들은 4가지의 기본 맛으로 구분하고 있다.

미국 마이애미대학의 생리학, 생물물리학 교수 스티븐 로처 박사는 동물의 입 속에 있는 일부 미각은 거의 모든 음식에 자연적으로 들어 있는 글루타민산 모노나트륨(MSG : monosodium glutamate)에만 반응한다는 사실이 동물 실험결과 밝혀졌으며, 이는 달고, 시고, 짜고, 쓴맛 이외에 제5의 미각일 수 있다고 말하였고 즐거운 맛이라 표현하였다. 또한 MSG는 4가지의 맛을 섞은 그 어떤 맛과 다르다고 하였다.

〈동서양 맛의 분류〉

자료 : 이종호 외, 조리원리와 실제, 기문사, 2004.

1) 단맛(Sweet Taste)

단맛은 대부분의 사람들이 좋아하는 맛으로 단맛의 대표적인 물질은 설탕으로 어떤 종류의 음식과도 잘 어울리는 맛이다. 단맛을 내는 조미료로 설탕이 주로 사용되나 물엿, 꿀, 시럽 등의 독특한 향미를 조미에 사용하는 경우도 있으며, Saccharin과 Aspartame 등의 인공감미료를 사용하기도 한다. 단맛의 정도는 당류에 따라 다르며 특히 혀의 끝부분이 예민하다. 단맛을 느끼게 하는 물질들은 주로 유기 물질이며 대부분 이온화되지 않은 유기화합물로서 수산기(hydroxyl group : −OH로 표시)와 관계가 있다.

설탕은 상대적 감미도를 결정할 때 그 표준물질(reference)로 사용하는데 이는 설탕이 가장 많이 사용되는 감미료인 동시에 단맛이 변하지 않기 때문이다.

인공감미료는 그 단맛이 설탕과 유사하지만, 천연의 당류가 조리 중에 나타내는 여러 가지 기능이 없으므로 단맛을 내기 위한 목적 이외에는 거의 사용되지 않는다. Saccharine은 발암성 논란이 있어 특정 음식물 외에는 사용이 금지되어 있고, 1965년 미국에서 개발된 Aspartame은 Aspartic acid와 Phenylalanine으로 구성된 Dipeptide로써 상대 감미도는 설탕의 약 150~200배나 되며, 현재 우리나라에서도 널리 쓰이고 있다. Aspartame은 설탕과 유사한 맛을 가진 장점이 있으나, 열에 약하므로 열을 사용하는 조리에는 많이 쓰이지 않으며, 주로 음료에 사용되고 있다. 올리고당은 기존의 당류와 비슷한 물성을 가지면서도 기존 당류가 가지고 있는 비만, 충치의 원인, 당뇨병의 유발·악화 등의 문제점을 보완할 수 있어 실용화되고 있다. 남미가 원산지인 다년생 초목 스테비아(stevia)에서 추출한 스테비오사이드(stevioside)는 설탕의 200~250배의 감미도를 가지며, 인체 내에서 분해·흡수되지 않는 비칼로리성 감미료이다.

2) 짠맛(Salty Taste)

짠맛은 음식의 맛을 내는 데 가장 기본이 되는 맛으로, 소금 맛의 기본이다. 짠맛을 내는 물질은 간단한 무기이온들이며 염화나트륨(NaCl), 염화칼륨(KCl), 염화암모늄(NH$_4$Cl), 염화칼슘(CaCl$_2$) 등이 있다. 이 중 소금만이 순수한 짠맛을 가지고 있고, 나머지는 쓴맛과 함께 떫은

맛을 가지고 있다. 소금(염화나트륨)은 천일염과 이온교환막으로 만든 소금이 있으며, 천일염의 경우 정제 정도에 따라 호렴, 정제염으로 나뉜다. 호렴의 경우 불순물이 섞여 있으므로, 순수한 짠맛보다는 쓴맛 등이 섞여 있다.

우리가 일상생활에서 경험하는 짠맛은 소금(NaCl)에서 유래하는 것으로 1% 정도의 농도가 가장 기분 좋은 짠맛을 낸다. 감미료 중 0.1% 정도의 식염이 있으면 단맛이 강화되며 짠맛 속에 유기산이 섞이면 짠맛이 강화된다. 짠맛은 중성염의 전해질물질에 의해 느껴지는 맛을 말하며 염 중에서 식염만이 가장 순수한 짠맛을 느끼게 한다.

성인에게 필요한 하루 소금의 양은 평균 10g이나 노동자는 20~25g을 필요로 하는 경우도 있다. 소금의 짠맛은 요리의 중심역할을 하고 식욕을 돋우며 일반적으로 국물의 소금농도는 약 1%, 김치는 2~3%가 가장 적당하나 신맛이 가미되면 짠맛이 강하게 느껴지고 당분이 가미되면 짠맛이 약해진다. 음식이 아무리 훌륭한 재료로 만들어졌다 해도 간이 맞지 않으면 맛있는 음식으로 평가받지 못한다.

3) 신맛(Sour Taste)

음식의 신맛은 향기를 동반하는 경우가 많은데 이는 미각의 자극이나 식욕의 증진에 필요하다. 신맛의 성분에는 유기산과 무기산이 있으며 그 신맛은 용액 중에 해리되어 있는 수소이온과 아울러 해리되지 않은 산 분자에서 기인한다.

산미가 있는 음식물의 pH는 대략 3.0~4.5인 산성 조미료이다. 신맛은 단지 신맛을 부여할 뿐만 아니라 미생물의 번식 억제와 보존류의 효력을 증감시키기 위해서도 쓰이고, 생선의 뼈 등을 부드럽게 하고, 플라보노이드 색소를 더욱 하얗게 보이게 하며, 산에 의해 비린내를 제거하기도 하고, 단백질을 수축시켜 씹는 탄력을 주기도 한다.

신맛을 주는 조미료의 대표는 식초이고, 신맛에 영향을 미치는 요인은 pH가 같은 농도일 때 염산이 더 신맛을 내지만, pH가 동일한 용액의 신맛은 초산이 더 강하다. 온도가 높아질수록 신맛은 강해지지만, 단맛이나 짠맛은 신맛을 감소시킨다. 한편 신맛은 주로 수소이온 $[H^+]$을 내는 유기산과 무기산으로 구분되며, 신맛의 강도(0.05N 기준)는 염산 〉 주석산 〉 사과산 〉 인산 〉 초산 〉 젖산 〉 구연산의 순이고, 유기산은 pH 3.7~4.1에서, 무기산(염산)은 pH 3.4~3.5에서 신맛을 느낀다. 신맛이 가장 강하고 또 신맛이 보편적인 자연식품의 종류에는 과실이 있다. 일반적으로 과실의 맛은 주로 그 속에 함유된 당류(sugar)에 의한 단맛과 그 속에 함유된 유기산(organic acid)에 의한 신맛으로 구성된다고 볼 수 있다. 유기산은 그 종류에 따라 맛의 질이 다르다. 예를 들면 초산은 휘발성의 산으로 향미가 있으나 호박산은 구수한 맛과 아린맛으로 되어 있다. 그러나 다른 산은 맛의 질에서 그 차이를 느끼기가 어렵다.

식초에는 양조초, 합성초, 가공초 등이 있다.

① 양조초는 초산균을 써서 알코올이나 당분을 발효시켜 만든 식초를 말한다. 청주를 발효시킨 식초, 알코올식초, 맥아식초, 포도식초, 레몬식초 등이 있다.

② 합성초는 목재나 석회를 원료로 써서 합성한 빙초산에 물을 타서 묽게 하고, 소금과 조미료, 색소 등을 첨가한 것이다. 몹시 자극적인 산미가 특징이다.

③ 가공초는 양조된 초에 조미료, 향신료 따위를 첨가하여 곧바로 요리에 사용할 수 있도록 한 식초이다. 시판되는 식초는 일반 식초의 경우 총 산도가 6~7% 정도이고, 2배 식초는 12~13%, 3배 식초는 18~19%를 나타낸다.

4) 쓴맛(Bitter Taste)

쓴맛은 4원미 중 하나로 입맛을 해치는 불쾌한 맛이지만 희석된 쓴맛은 오히려 미뢰를 자극하고 긴장시켜 주므로 잘 받아들여질 때가 있다.

쓴맛은 몇 가지 유기화합물과 무기화합물이 갖는 성질로써 Alkaloid, 배당체, Ketone류 및 무기염류 등을 들 수 있다. Alkaloid란 식물체에 존재하는 함질소 염기성 물질의 총칭으로 커피의 caffeine, 차의 theine, 코코아나 초콜릿의 theobromine 등이며 배당체는 채소나 과일의 쓴맛을 내는 naringin, 오이 꼭지의 쓴맛을 내는 cacurvitacin이 있다.

Ketone류로는 맥주의 원료인 hop의 암꽃 성분인 humulone과 lupulone 등이 있다. 쓴맛은 쓴맛 그대로는 불쾌하지만 다른 맛에 적당히 배합되어 희석되면 미뢰에 긴장감을 주어 기호성을 높여주기도 한다. 예를 들면 커피 · 코코아 · 맥주 등의 쓴맛이 미량 존재함으로써 맛을 돋우게 되는 것이다. 여러 미각 중 가장 예민하고 낮은 온도에서도 느낄 수 있어 식품의 맛에 큰 영향을 미친다.

5) 매운맛(Hot Taste)

매운맛은 미각신경을 강하게 자극하여 느껴지는 감각으로 순수한 미각이 아니라 일종의 통각으로 주로 황을 함유한 화합물에서 많이 나타나는데, 겨자유, 파, 마늘의 알리신과 알릴 설파이드 등이 대표적이다. 매운맛은 미각신경을 자극해서 식욕을 증진시킬 뿐 아니라, 타액의 분비를 촉진시켜, 혈액순환을 돕는 효과도 있다. 매운맛이 지나치면 미각을 감퇴시킨다. 매운맛 성분에는 향기를 함유하는 물질이 많고, 적당량일 때 양자가 서로 협력하여 식욕을 자극하는 경향이 있다. 서양에서는 맛의 종류로 생각하지 않는 경우가 많으나 우리나라에서는 식습관상 매우 중요하게 여긴다. 매운맛은 풍미를 향상시키고 살균 및 살충작용을 돕는다.

6) 떫은맛(Astringent Taste)

혀의 표면에 있는 점막단백질이 일시적으로 변성·응고되어 미각신경이 마비되어 형성되는 수렴성의 불쾌한 맛이다. 떫은맛이 강하면 불쾌하나, 약하면 쓴맛에 가깝게 느껴지고, 특히 차나 포도주에서 나는 약한 떫은맛은 다른 맛과 조화되어 풍미를 더한다. 식품 중에 존재하는 떫은맛 성분은 폴리페놀물질인 타닌류이며, 이외에 지방산 및 알데히드류, 철과 알루미늄의 금속류 등도 떫은맛을 지닌다.

7) 맛난맛/감칠맛(Savory Taste)

음식의 구수한 맛을 내는 감칠맛(眞味, savory taste) 조미료로 처음에는 MSG(monosodiumglutamate) 중심의 아미노산계 조미료와 핵산계 조미료로 이노신산나트륨, 구아닐산나트륨 등이 내는 맛으로, 다시마나 가다랑어의 추출액에서 발견된 이래 대량 생산되고 있다.

그 후 쇠고기나 양념류를 혼합하여 만든 종합조미료가 개발되었으며 근래에는 천연 및 건강지향 심리를 지닌 소비자들의 욕구에 부응하여 자연식품에서 직접 생산되는 천연 조미료가 개발되고 있다. 된장이나 간장·다시마 등은 4원미에 속하지 않는 독특한 맛을 내는데, 이것을 감칠맛으로 분류한다. 감칠맛을 지니는 물질에는 아미노산, 핵산계 물질, 유기산 등이 있다.

8) 아린맛(Acrid Taste)

쓴맛과 매운맛, 떫은맛이 혼합된 불쾌한 맛이고, 죽순·고사리·토란·우엉·가지 등에서 느끼는 맛으로 수용성이므로 조리하기 전에 물에 담가 아린맛을 제거해야 한다. 죽순·토란·우엉의 아린맛 성분은 페닐알라닌과 티록신의 대사물질인 호모겐티스산(homogentisic acid)으로 아미노산으로부터 만들어지는 물질이다.

9) 교질맛/원활미(Colloidal Taste)

음식물 중에 교질상태(colloid)를 형성하는 다당류나 단백질이 혀의 표면과 입속의 점막에 물리적으로 접촉될 때 느끼는 미각이다. 맛이라기보다는 식품의 질감에 가까운 의미이며, 밥이나 떡의 호화도, 찹쌀밥의 아밀로펙틴에 의한 쫄깃한 정도, 고기의 젤라틴 등이 교질맛을 대표하는 식품이다. 조리과정에 농밀제를 첨가하여 원활미를 증가시키기도 한다.

10) 금속맛과 알칼리맛(Metallic and Alkali Taste)

금속맛은 철·은·주석 같은 금속이온의 맛으로, 수저나 식기 등에서 느낄 수 있으며, 알칼리맛은 OH⁻에서 기인되는 맛으로 중조나 재에서 느낄 수 있다.

통조림 등의 금속을 사용한 용기로 포장한 음식물에서 느끼는 맛으로 음식물을 금속에 장시간 노출시켰을 때 나타나기도 한다.

3. 음식 맛에 관여하는 요인

1) 냄새(Odor)

모든 음식물은 일반적으로 그 고유의 향기 내지 냄새를 가지고 있으며, 우리는 오랫동안의 경험을 통해서 이와 같은 고유의 향기 또는 냄새에 익숙해져 있다. 이와 같은 식품의 향기 또는 냄새는 가열조리, 가공처리 또는 저장 중 그리고 부패되는 과정 등에서 많은 변화가 있으며, 우리는 식품 고유의 향기 내지는 냄새의 변화 또는 정상적이 아닌 냄새 즉 이취(off-flavor)의 발생에 대하여 매우 예민하게 대응한다.

냄새는 맛, 색과 더불어 음식의 품질을 결정하는 데 중요한 역할을 하며, 즐거움을 주는 냄새를 '향기'라고 하며, 불쾌감을 주는 냄새를 '취기'라고 한다. 음식물의 냄새를 코로 맡을 때 좋은 향기를 '아로마(aroma)'라고 한다.

Henning에 의하면 6가지 기본적인 냄새로 나눌 수 있는데 이는 '꽃 향기(flowery odor), 과일 향기(fruity odor), 매운 냄새(spicy odor), 수지 냄새(resinous odor), 탄 냄새(burnt odor), 썩은 냄새(putrid odor)' 등이다. 사람의 경우 냄새물질을 인식하는 수용체 단백질은 약 10,000종의 다른 성분을 인식할 수 있는 것으로 알려져 있는데 이는 4종의 원미를 포함하여 10여 종의 특성을 보이는 미각에 비해 엄청나게 많은 숫자로 냄새의 역치는 맛의 역치에 비해 1만 배 이상 예민하다.

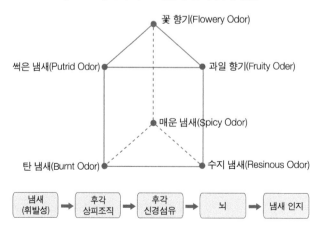

〈Henning의 후각 프리즘과 냄새 인지과정〉

2) 촉감과 조직감(Touch and Texture)

음식물로서 중요한 요소에는 영양과 기호가 있으며 특별한 풍미나 맛 등이 있다.

또한 혀에서 느끼는 촉감과 입안에서 씹을 때 느끼는 식품의 견고성, 연성, 탄성 등이 있으므로 입자의 크기 등에 따라 느끼는 감각이 달라진다. 이들은 가공 및 조리 시 변화되는 물리적 성상이 식품의 기호성과 밀접한 관계를 가지며 이와 같은 조직구조를 일반적으로 texture라고 한다.

음식의 기호로는 맛, 향, 색 등을 들 수 있으며 질감(texture)으로는 견고성(hardness), 응집성(cohesiveness), 탄력성(elasticity), 점성(viscosity) 등을 들 수 있는데 이들의 입자 모양과 식습관, 성향, 치아의 상태 등에 따라 생리적으로 섭취자에게 영향을 준다. 또한 질감은 식품이나 음식의 형상(image)에 영향을 주므로 매우 중요하다.

〈음식물의 촉감과 질감〉

3) 시각(Visual)

음식물의 외관은 식품의 크기, 모양, 색을 말하며 이들은 시각에 의해 평가된다. 음식물이 다채로워질수록 미각 하나만이 아니라 촉각, 청각, 시각, 온각, 후각, 통각 등 다른 감각과 융합된 작용을 하며, 이 중 가장 큰 비중을 차지하는 것이 시각이라고 알려져 있다.

각각의 소재가 가진 고유색을 살려야 고유의 맛을 최대화할 수 있으며, 음식의 색은 영양소나 항암물질과도 밀접한 관계가 있다. 따라서 색은 음식의 품질을 결정하는 척도로써 중요하며 영양가와 같이 겉으로는 판단할 수 없는 내적인 가치와 밀접한 관계가 있다.

식욕을 돋우는 색으로 적색, 황색, 오렌지색 등이 가장 인기 있고, 중간색인 연한 색이나 차가운 느낌이 드는 색은 식욕을 감퇴시킨다. 적색, 적주황색, 복숭아색, 핑크색, 황갈색, 버터의 황색, 담담하고 맑은 녹색은 식욕을 돋운다. 청녹색 계통은 음식물을 연상시키지는 않지만, 음식물을 돋보이게 하는 배경색으로 주로 사용된다.

요리는 색채면적에서 차지하는 비중이 5%에 불과하며, 25%는 식기류, 그리고 70%는 식사환경(좌석, 집기류)이 차지한다. 음식물의 색채면적 효과는 음식물 자체뿐만 아니라, 식기류, 집기류 및 식탁, 테이블 등 여러 요인들이 복합적으로 작용한다.

〈음식물의 시각적 인지과정〉

4) 연령(Age)

나이에 따라 미각의 예민도는 차이가 있다. 어린이의 경우, 단맛이 성인에 비하여 2배 정도로 예민하고, 신맛은 단맛과 같은 경향을 보였고, 쓴맛은 유아가 예민한 반면, 노인에게는 둔하게 나타난다. 유아는 진한 맛을 좋아하며, 청소년은 옅은 맛을 좋아하나, 노인이 되면 유아보다 진한 맛을 좋아한다.

50세쯤 되면 짠맛, 신맛, 단맛, 쓴맛에 대한 감수성이 현저히 떨어지며, 이 중 가장 심하게 감소하는 것이 단맛이다. 신맛은 거의 변화가 없으며, 단맛은 50%, 쓴맛은 33%, 짠맛은 25%

의 감수성 저하를 가져온다. 그러나 남성과 여성, 흡연자와 비흡연자는 차이가 없다. 이와 같이 나이가 들어감에 따라 미각이 떨어지는 것은 유두에 있는 미뢰수가 점차 감소하기 때문이다.

5) 온도(Temperature)

음식의 맛은 온도와 밀접한 관계가 있다. 즉 음식의 맛을 내는 성분은 같은 물질이라도, 온도에 따라 느끼는 감도가 다르므로 음식맛의 특징을 살려 적정온도에서 서빙하는 것이 중요하다. 설탕의 단맛을 느끼는 한계값은 상온에서는 0.1%이나 0℃에서는 0.4%이다. 반면, 소금의 짠맛은 상온에서는 0.05%이나 0℃에서는 0.25%이다.

일반적으로 혀의 미각은 10~40℃일 때 가장 잘 느껴지고, 30℃에서 가장 예민해지며, 이 온도보다 멀어지면 예민도가 떨어진다. 따라서 음식을 맛있게 먹기 위해서는 적합한 온도에서 섭취해야 한다.

일반적으로 단맛은 20~50℃, 신맛은 25~50℃, 짠맛은 30~40℃, 쓴맛은 40~50℃, 매운맛은 50~60℃에서 가장 잘 느낀다.

〈맛의 종류별 최적 감지온도〉

학습내용	온도(℃)
단 맛	20~50
신 맛	25~50
짠 맛	30~40
쓴 맛	40~50
매운맛	50~60

〈식품섭취를 위한 최적온도〉

학습내용	온도(℃)
빵	20
쌀 밥	45
된장국	70
수 프	70
우 유	7~10
아이스크림	-5 ~ -6
탄산음료	7~10
주 스	7~10
버 터	20
식용유	45
마요네즈	20
커피, 홍차	70
포도주	8~12
맥 주	7~10

6) 배고픔(Hunger)

배가 고플 때와 부를 때의 맛에 대한 감수성이 달라지는데, 대체로 오전 11시 30분에 가장 민감하며, 식사 후 1시간까지는 감도가 둔화되었다가, 식사 후 3~4시간부터는 감도가 증가한다. 따라서 관능검사 시에는 배가 너무 부르거나 고픈 상태를 피하는 것이 좋다.

7) 기타(Others)

개인별로 육체적인 건강상태, 희로애락 등의 심리상태, 식습관, 주위환경 등에 따라 미각의 감수성은 달라진다.

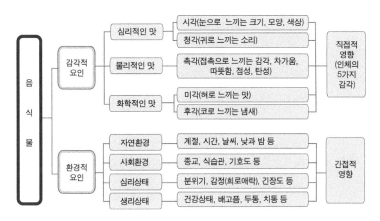

〈맛에 관여하는 요인〉

4. 음식조미(Food Seasoning)

1) 조미의 개요

음식조미는 식품 자체의 맛이 부족하거나 맛을 강화시킬 때 필요한 조작이다. 즉 자연에서 생산되는 동식물성 재료 그 자체만으로는 식욕을 돋울 수 없기 때문에 조미료와 향신료 등 조미물질을 사용하여 기호성과 관능특성을 향상시키는 것이다. 때문에 음식조미는 배합비율·조합방법 및 조미하는 사람의 기량이나 역량에 따라 차이가 있지만, 감각과 감성의 지배력이 크고, 지식과 경험에 의해 좌우된다.

음식조미는 식품가공 중의 한 가지로 맛을 중심으로 관능특성 및 기호성을 증진시키는 가공법이면서 가공기술이다. 따라서 음식 섭취 시 맛이 없으면 식욕이 생기지 않기 때문에 맛 등의 품질특성과 영양성이 좋아야 하며, 값이 저렴하고 보존성이 높아야 한다. 또한 음식조미란 음식의 기호성을 높이며, 음식의 텍스처에도 여러 가지 영향을 미친다. 특히 동식물의 세포막은 가열에 의해 반투과성을 잃게 되어 조미가 확산에 의해 세포 안으로 침투되면서 조미가 가능해진다. 음식조미는 모든 음식에 맛을 내는 요소이며, 조미의 양과 여러 가지 조미물질들이 서로 어떻게 잘 배합되었는가에 따라 음식의 맛이 변화하게 된다.

맛에 대한 기호는 매우 주관적이어서 '좋고 나쁨'의 기준을 일정하게 정하긴 어렵지만 일반적으로 맛이 좋다고 느낄 수 있도록 기본적인 조리원리를 터득하는 것이 필요하다. 또한 동일한 레시피(recipe)와 재료로 음식을 만들더라도 조리하는 사람에 따라 맛이 달라질 수 있는 것은 조리과정상의 방법의 차이에서 오는 결과라 볼 수 있으므로 알고 있는 원리를 실제로 적용하는 올바른 방법도 알아보아야 할 것이다.

조리과정에서 '불의 세기 조절', '적절한 가열시간' 등은 음식의 형태와 색, 맛에 영향을 미치는 중요한 요소인데 '조미료를 넣는 시기'와 '적절한 사용법'은 세밀한 맛의 차이를 결정하게 되는 것이다. 이때 조미재료의 역할은 재료 자체가 가진 맛을 극대화시키거나 재료가 가진 맛이 없는 것일 때에는 조미료로 맛을 살려야 하며 식재료의 맛과 조미료의 맛을 혼합하여 새로운 맛을 창출해 낼 수 있어야 한다.

2) 조미의 목적

음식에 각종 식재료와 향신료 등을 첨가하여 식품의 풍미를 증가시키고, 품질을 증가시키는 단계로, 음식을 만드는 과정에서 매우 중요한 단계이다.

조리의 과학적인 기본 지식과 경험이 함께 어우러져야 좋은 품질의 음식을 기대할 수 있다.

① 맛을 증가시키기

재료가 지닌 향미를 강화하고 또한 재료의 조리과정에서 변화되는 향미를 인위적으로 보강시켜 줄 수 있으며, 재료에 새로운 향미를 부여한다.

② 향을 증가시키기

향을 낼 수 있는 재료로는 유지류, 허브, 스파이스, 시드, 향미채소, 과일 등이 있으며, 향미성분은 지용성으로 쉽게 휘발되기 때문에 특별한 경우 외에는 대부분 음식의 마지막에 사용하는 것이 효과적이다.

③ 질감을 상승시키기

재료의 조직감(질감)을 상승시켜 가미재료의 질감을 좀 더 부드럽게 하는 데 사용된다.

④ 색을 보강하기

재료의 외관(색상)을 보강하는 것으로 재료의 손질작업과 조리과정을 거치면서 외부작용에 의해 쉽게 변해버린 재료의 색상을 색소 재료를 첨가하여 본래의 색을 얻을 수 있도록 한다.

⑤ 이미, 이취 제거시키기

재료가 지닌 이미, 이취(나쁜 맛과 향)를 억제 및 제거하는 것으로 재료가 지닌 좋지 않은 향미를 탈취해 음식의 품질을 높여준다.

⑥ 기타

신선도 유지, 부패지연, 영양상승, 저장연장 등의 목적이 있다.

〈목적에 따른 조미의 특징〉

목적	내용
맛을 상승시키기	주재료가 지니거나 지니지 않은 맛을 가미재료를 사용하여 음식의 맛을 한층 나아지게 하기 위함이다.
향을 상승시키기	가미재료를 사용하여 주재료가 지니거나 지니지 않은 음식의 향을 내준다.
이미 · 이취 제거하기	가미재료를 사용하여 주재료가 지닌 이미 · 이취를 제거시켜 음식의 풍미를 좋게 한다.
질감을 상승시키기	가미재료를 사용하여 주재료의 질감(고기를 연하게 하거나, 농도를 맞춰주는)을 상승시켜 준다.
색을 보강시키기	조리 전 주재료에 색상을 보강시키거나 조리과정 중 변색된 색상을 보강시켜 시각적인 효과를 높인다.

자료 : 조리교재발간위원회, 조리체계론, 한국외식정보, 2002.

3) 조미순서와 과정

일반적으로 조미료는 설탕 · 소금 · 식초 · 간장의 순서로 첨가한다. 설탕을 소금보다 먼저 첨가해야 하는 이유는 설탕의 분자량이 소금의 분자량보다 크고, 25℃ 수용액에 설탕과 소금을 동시에 첨가하면 소금이 빨리 확산되기 때문이다. 또한 식초와 간장은 가열에 의해 휘발성 향기성분을 잃게 되므로 향기성분을 남기고 싶을 때에는 가열이 거의 끝날 때쯤 첨가하거나, 조금 남겨두었다가 가열이 끝난 후에 첨가한다.

① 조리 전처리 단계

음식을 조리하기 전에 조미재료를 넣어 전처리를 함으로써, 음식의 질을 높이는 방법이다. 예를 들어 불고기를 만들 경우 양념장에 쇠고기를 넣어 재워둔 다음 일정시간 뒤에 조리하는 방법이다. 생선을 구이하기 전에 소금을 뿌려 간을 하는 것도 전처리의 단계로 볼 수 있다.

② 우려내기 단계

식재료의 맛을 우려내어 좋은 국물을 만드는 단계에서 조미를 하거나, 좋지 않은 맛을 제거하는 과정이다.

③ 중간 넣기 단계

조리 중간에 향을 증가시키거나, 맛을 좋게 하기 위해서 또는 색을 돋보이게 하기 위해서, 질감을 상승시키기 위해서 조리과정 중간에 넣는다.

④ 간하기 단계

음식의 간은 중요하며, 간을 먼저 하면, 다른 양념의 재료가 잘 스며들지 못하므로 조리의 마지막 단계에서 간을 하는 것이 바람직하다.

⑤ 마무리 단계

향신료를 뿌리는 과정 등 마무리하는 단계로 조리의 마지막 단계에서 일어나기도 하고, 테이블 위에서 이루어지기도 한다.

〈조리의 단계별 조미순서〉

순서	목적	내용
1	조리 전처리 단계	조리하기 전에 조미재료를 사용하여 음식의 맛과 향, 질감을 상승시키는 단계이다.
2	우려내기 단계	조미할 수 있는 재료의 성분을 물과 기름 속에서 우려내어 음식의 맛과 향을 상승시키는 단계이다.
3	중간 넣기 단계	조리하는 과정 중 가미재료를 첨가하여 음식의 맛과 향을 상승시키는 단계이다.
4	간하기 단계	모든 음식의 맛을 강화시켜 주는 기능이 있는 소금(간을 할 수 있는 재료)을 첨가하는 단계이다.
5	마무리 단계	음식을 만드는 마무리 단계에서 조미재료를 첨가하여 음식의 맛을 내주는 단계이다.

자료 : 조리교재발간위원회, 조리체계론, 한국외식정보, 2002.

4) 조미재료의 사용방법

① 재료에 조미재료 첨가

조리하기 전 단계에서 재료의 특징을 최대한 살려주면서 또는 재료의 단점을 보완하기 위해 조미재료를 첨가하여 음식의 가치를 높이는 방법을 말하며, 조리하기 전에 이루어진다.

② 재료를 조미액에 담가두기

조리하기 전이나 조리과정 중에 절임의 방법을 이용하여, 음식의 맛을 더욱 좋게 하는 것을 말하며, 이는 직접적인 요리가 될 수도 있고 조미할 수 있는 재료가 되기도 한다.

③ 재료에 조미재료를 혼합하기

조리하는 과정에서 음식의 맛, 향, 색, 질감 등을 상승시키기 위해 조미재료를 혼합하는 방법이다.

④ 조미액에 재료 넣어 가열하기

조미액에 품질을 증가시킬 수 있는 재료를 넣어 음식의 가치를 높이는 방법이다.

⑤ 테이블 위에서 조미재료 첨가하기

테이블 위에서 조미재료를 첨가하여 음식의 맛을 내는 방법이다.

5) 조미재료

사람의 미각 · 후각 · 시각 · 청각 · 촉각의 5감각을 자극하여 식욕을 높이고, 소화흡수를 좋게 하기 위한 재료의 총칭을 조미물질 또는 조미료라고 한다. 즉 조미료는 식품 원래의 맛을 사람의 미각에 알맞도록 하기 위해 첨가되는 물질이다.

〈조리의 단계별 조미순서〉

성 분		분 류
단일성분 조미료	짠맛 조미료	소금
	신맛 조미료	초산, 구연산, 젖산, 주석산, 사과산
	단맛 조미료	설탕, 포도당, 과당, 아스파탐
	쓴맛 조미료	카페인
	감칠맛 조미료	글루타민산나트륨, 이노신산나트륨, 구아닐산나트륨
복합성분 조미료	발효 조미료	간장, 된장, 고추장, 미림, 포도주
	추출형 조미료	축육·어육·해물·채소 등의 엑스(extract), 효모 추출물
	분해형 조미료	동식물의 단백질 가수분해물(HVP, HAP)
	배합형 조미료	발효형·추출형·분해형의 배합
향신형 조미료		마늘·양파·후추·생강 등 Spice류
향미형 조미료		감귤·축육·어육 등 Flavor

자료 : 홍기운·김이수, 최신식품조리과학, 대왕사, 2004.

〈주요 조미재료〉

성 분	분 류
짠맛을 내는 재료	소금
단맛을 내는 재료	설탕, 포도당, 과당, 맥아당, 물엿, 벌꿀, 감초, 아스파탐, 스테비오사이드, 글리실리진산나트륨, 크실로스, 소르비톨, 알라닌, 글리신
신맛을 내는 재료	식초, 초산, 구연산, 사과산, 주석산, 푸마르산, 젖산, 호박산, 글루코노 델타락톤
구수한 맛을 내는 재료	MSG, IMP, GMP, 호박산나트륨
복합된 맛을 내는 재료	쇠고기, 닭고기, 돼지고기, 멸치, 가다랑어, 조개, 다시마, 채소 등의 건조품과 그 엑스류, 간장, 된장, 고추장, 미림, 술, 젓갈류 등 HVP, HAP, 반응 HVP
고소하고 부드러운 질감을 주는 재료	식물성 기름(참기름, 들기름, 옥수수, 땅콩, 고추씨, 콩기름, 팜유, 야자유), 동물성 기름(우지, 돈지, 계지)
매운맛을 내는 재료	고추, 후추, 마늘, 생강, 겨자, 와사비, 기타 스파이스
향을 내는 재료	축육계, 채소계, 향신계, 해산물, 버섯계, 합성 Flavor
색을 내는 재료	캐러멜, Tumeric, 모나스커스, 파프리카, 치자, 당근, 합성착색료
물성조절 재료	전분, 천연검, 달걀, 유화제, 한천, 알린산

자료 : 홍기운·김이수, 최신식품조리과학, 대왕사, 2004.

6) 조미에 따른 조직의 변화

생채소류에 소금을 뿌리면 삼투압의 차이에 의해 세포에서 수분이 빠져나옴에 따라 조직의 질감에 변화가 생기며, 채소를 가열할 때에도 조미료의 첨가시기에 따라 부드럽게 익을 수도 있고, 딱딱해질 수도 있다.

무와 감자는 설탕의 첨가시기를 늦추면 빨리 무르고, 감자·고구마·연근·무 등은 소금을 넣고 끓이면 부드럽게 익을 때까지 더 많은 시간이 걸린다. 콩조림의 경우도 처음부터 다량의 설탕과 간장을 첨가하여 끓이면 콩이 단단해지고, 설탕이 콩의 내부까지 침투되지 않아 맛이 없다. 이것은 조직외부에 설탕의 농후한 층이 형성되어 콩의 안과 밖에 용액의 이동이 끊기고, 농후한 설탕용액의 높은 삼투압에 의한 탈수로 조직의 경화가 일어나며, 짙은 설탕용액은 침투성이 작아서 설탕이 대두조직의 내부에 들어가지 못하기 때문이다. 따라서 이러한 경우에는 설탕을 한꺼번에 넣지 말고 여러 차례에 걸쳐 첨가하여 설탕농도를 점차적으로 높여가는 것이 좋다. 또한 식초는 연근이나 감자와 같이 전분을 많이 함유한 식품에 아삭아삭한 질감을 준다.

5. 음식조미의 상호작용

1) 맛의 상호작용

맛은 음식의 온도에 따라 다르게 느껴지는데, 혀의 미각은 10~40℃일 때 가장 잘 느낄 수 있으며, 30℃ 전후에서 가장 예민하다. 대체로 온도가 올라감에 따라 단맛에 대한 반응은 증가되고, 짠맛과 쓴맛은 반응이 감소되며, 신맛은 온도에 크게 영향을 받지 않는다.

(1) 짠맛과 단맛

소량의 소금을 넣으면, 단맛이 증가되며 단맛에 대한 소금의 대비효과는 단맛이 커질수록 예민하게 되며, 짠맛은 설탕의 첨가로 감소한다.

■ 짠맛＋단맛 → 약해진 짠맛

(2) 짠맛과 신맛

신맛은 소량의 소금 첨가로 맛이 강해지고, 다량의 소금 첨가로 약해지며, 짠맛은 다량의 초산 첨가로 감소한다.

■ 짠맛+신맛 → 약해진 짠맛

(3) 짠맛과 쓴맛

짠맛은 쓴맛이 첨가되면 감소한다.

■ 짠맛+쓴맛 → 약해진 짠맛, 쓴맛

(4) 단맛과 신맛

초산용액(0.1%)에 설탕(5~10%)을 첨가하면 신맛과 단맛의 어울림이 좋아지며, 단맛은 초산을 첨가하면 감소하고 신맛은 설탕을 첨가하면 감소한다.

■ 단맛(신맛)+신맛(단맛) → 약해진 단맛(신맛)

(5) 단맛과 쓴맛

단맛은 카페인을 첨가하면 감소하고 쓴맛은 설탕을 첨가하면 감소한다.

■ 단맛(쓴맛)+쓴맛(단맛) → 약해진 단맛(쓴맛)

2) 미각의 반응현상

(1) 상승효과

두 종류의 맛을 동시에 먹으면 따로 먹을 때보다 맛이 훨씬 더 강해지는 현상으로 구수한 맛, 단맛, 신맛 등의 상승효과가 있으며 이 효과를 극대화시킨 것이 복합조미료이다. 설탕액에 사카린을 첨가하면 단맛이 더욱 증가되고, 설탕시럽에 알코올을 첨가하면 단맛이 증가한다.

(2) 상쇄효과

두 종류의 맛을 동시에 먹으면 각각의 고유한 맛을 내지 못하고, 한쪽 맛이 다른 맛보다 약해지거나 없어지는 미각현상으로 인공감미료인 사카린의 쓴맛은 글루탐산나트륨을 소량 첨가함으로써 약해지고, 짠맛이 강한 것에 식초를 가하면 짠맛이 약해진다. 예로써 간장에는 많은 소금이 있으나, 맛난맛과 상쇄되어 짠맛이 강하게 느껴지지 않으며, 김치가 시어지면 짠맛이 약해진다. 특히 상쇄효과가 높은 것은 쓴맛, 단맛, 신맛이다.

(3) 대비효과

두 종류의 맛을 동시에 혹은 연달아 먹게 되면 주된 맛이 강하게 느껴지는 미각현상으로, 즉 한쪽의 맛이 충분히 강할 때 약한 다른 맛을 가하면, 강한 쪽의 맛이 세어지는 것이다. 예로써 흰 설탕보다 흑설탕의 단맛이 더 강한 것과 단팥죽에 소금을 넣으면 단맛이 더욱 강하게 느껴지는 것이다.

(4) 맛의 변조

한 가지 맛을 본 후에 다른 맛을 보았을 때, 앞의 맛에 영향을 받아, 정상적인 맛과는 현저하게 달라진 맛을 느끼는 현상이다. 쓴맛을 본 직후의 물은 달게 느껴지고, 단맛을 본 직후의 신맛은 강하게 느껴진다.

(5) 맛의 억제

서로 다른 맛 성분이 몇 가지 혼합되었을 경우 주된 맛 성분이 약화되는데, 예로써 커피에 설탕을 섞으면 쓴맛이 단맛에 의해 억제된다.

(6) 맛의 피로

같은 맛을 계속해서 맛보면 그 맛이 변하거나 미각이 둔해져 맛이 약할 때에는 거의 느끼지 못하는데, 예로써 황산마그네슘이 처음에는 쓰게 느껴지나 조금 지나면 단맛을 약간 느끼게 된다.

(7) 맛의 상실

열대지방 식물인 김네마 실베스터(gymnema sylvestre)의 잎을 씹은 후 일시적으로 단맛과 쓴맛을 느낄 수 없는데, 설탕을 먹으면 모래 같은 느낌을 갖게 된다.

(8) 미맹

미맹(taste blindness)은 색맹(color blindness)과 마찬가지로 식품의 쓴맛을 전혀 느끼지 못하는 것을 의미한다. 쓴맛은 개인차가 심한 것으로 Phenylthiourea 또는 Phenythiocar-bamide(PTC) 물질에 대해 대부분의 사람은 쓴맛을 느끼지만, 일부 사람들은 맛을 느끼지 못한다. 이러한 현상을 일으키는 사람을 미맹이라고 하는데, 미맹은 쓴맛을 못 느낄 뿐이지 다른 정미성분에 대해서는 정상적이므로 일상생활에는 지장이 없다. 멘델의 열성형질로 유전되는데, 미맹인의 수는 백인이 약 30%, 황인은 15%, 흑인은 2~3%이며, 남자가 26%, 여자가 22% 정도이다.

6

메뉴에 따른 요리의 유래

1. Appetizer의 개요

먹을 것을 발견한 기쁨, 특정한 음식물에 대한 기호, 먹고 싶은 욕구와 충동, Appetit는 배고픔이 음식에 대한 생리학적 욕구를 일으키는 동안의 심리적 본체이다.

필요를 느끼지 않을 때 먹을 수 있게 하는 것은 바로 Appetit 때문이다. 사람들이 포식을 했을 때나 과식했을 때도 고기를 다시 먹고 싶은 욕구, 치즈를 다시 찾게 하는 욕구, Friandise (디저트)류를 먹게 만드는 욕구들은 이것 때문이다.

본능적인 욕망은 한 음식물에 대한 미각을 나타내고 그것을 먹고자 하는 욕구를 첨가시킨다. 시각과 미각은 식욕을 불러일으켜 자극할 수 있다. 성공했던 요리의 기억들과 요리책들을 읽을 때 일어나는 상상은 마찬가지의 효과라고 본다.

사람들은 일반적인 방법으로 친숙하게 양념처럼 사용하는 Ciboule(파), Ciboulette(산파), 작은 양파들을 Appetit라고 부른다. 왜냐하면 이러한 것들이 식욕을 자극하기 때문이다.

2. Hors-d'Oeuvre의 정의

식사의 첫 번째 요리로, 저녁은 고전적으로 Potage로 시작했었다. 메뉴의 정의에 의하면 Hors-d'Oeuvre는 너무 많은 음식을 구성하지 않음으로써 식욕을 돋우어 다음 코스의 요리들을 애호하게 만들어야 한다는 것이다. 이것은 가끔 Amusegueule(전식과 함께 서비스되는 소금 친 작은 요리)와 혼동되기도 하는데, Zakouski(러시아의 전식), Mezes, Tapas 또는 anti-pasti처럼 다양한 배합으로 구성된다.

레스토랑에서 음식을 직접 선택하는 각 회식자들은 왜건에 실은 Hors-d'Oeuvre를 제공할 때 소스에 Marinade한 Hors-d'Oeuvre Chauds와 Hors-d'Oeuvre Froids를 구분할 수 있다.

▌Canape(카나페)

나폴레옹의 유혹을 뿌리친 레까미에 부인, 때는 나폴레옹이 황제가 된 그 다음해인 1805년, 그 당시 사교계에서 가장 인기 있는 화려한 존재였던 레까미에 부인은 부유한 은행가의 아내였다. 그러나 그 아름다움과 우아함으로 인해 많은 남자들을 사랑의 포로로 만들었다. 레까미에 부인의 화려한 살롱에는 그 당시 많은 사람들을 공포에 떨게 하던 경찰장관 조제프 푸셰가 자주 방문했었다. 그는 고대 그리스풍의 패션으로 몸을 감싸고 레까미에라 불리는 카나페(Canape : 긴 의자나 소파를 의미하는 프랑스어지만, 그녀가 유행시켰기 때문에 그런 이름이 붙었다.)에 비스듬히 누워 있는 부인에게 다가가 속삭이듯 말했다. "황제 나폴레옹 폐하는 그대가 제발 궁정에서 궁녀로 일했으면 하고 바라고 계십니다." 그의 얼굴을 생글거리며 바라보던 그녀는 단호하게 말했다.

"농(Non)."

이 자존심 강한 레까미에 부인이 아름답고 요염하면서도 그윽하게 카나페에 비스듬히 누워 있는 자세를 본떠서 장방향이나 삼각형 등 작고 얇게 자른 빵을 의자로 보고 캐비아나 훈제연어, 혹은 햄, 치즈를 쿠션처럼 집어넣은 오드블을 연상해 내고, 이를 카나페라 부르게 되었다.

▌Sandwich(샌드위치)

샌드위치는 18세기 영국의 샌드위치 백작의 성을 따서 붙여진 것이다.

그 당시 그의 하인은 식사도 하지 않고 카드놀이만 하던 백작을 위해 빵 조각 사이에 고기와 채소 등을 끼워 손으로 집어먹을 수 있게 하였는데 이 빵요리를 샌드위치라 부르게 된 것이다. 이처럼 단순한 유래를 갖게 된 샌드위치가 영국에서 발달하여 각국에 전파되어 각기 특색있는 샌드위치가 만들어졌다. 샌드위치는 도시락용, 가벼운 주식용, 파티용 등으로 많이 이용되며, 주재료인 빵, 버터, 마요네즈만 있으면 고기, 채소류 등 어느 것이나 사용하여 만들 수 있다.

샌드위치의 종류

- 클로즈드 샌드위치(closed sandwiches) : 얇게 편 식빵 2~3조각에 버터를 바르고 그 사이에 속재료를 넣은 것이다.
- 오픈 샌드위치(open sandwiches) : 빵 위에 여러 가지 재료를 모양 있게 얹은 것이다.
- 팬시 샌드위치(fancy sandwiches) : 빵의 종류를 다양하게 선택할 수 있고 모양도 여러 가지로 변형시킬 수 있는 샌드위치이다. 롤드 샌드위치, 백합 샌드위치, 핀휠 샌드위치, 모자이크 샌드위치 등이 있다.
- 핫 샌드위치(hot sandwiches, grilled sandwiches) : 빵과 재료를 굽기도 하고 튀기기도 하여 따뜻하게 제공하는 샌드위치이다.
- 로프 샌드위치 : 큰 덩어리의 식빵을 1.5cm 정도의 폭으로 밑면까지 완전히 자르지 않고 깊숙이 칼집을 넣어 그 사이사이에 속재료를 넣어 만들며 먹을 때 썰어낸다.
- 클럽 샌드위치(club sandwiches) : 식빵을 토스트하여 준비한 속재료를 두 층으로 넣고 칵테일꽃이를 꽂아내는 것이다. 토스트한 식빵과 준비된 속재료, 버터, 마요네즈 등을 따로 담아 식탁에서 원하는 대로 각자 만들어 먹기도 한다.

3. Egg(달걀요리)

　서양요리에서 달걀은 육류 다음가는 우수한 단백질 식품으로 요리에 다양하게 쓰인다. 달걀은 주로 독립된 하나의 주요리로서 아침식사에 이용되며 때로는 점심이나 저녁식사의 앙트레 코스에 뜨거운 달걀요리가 제공되기도 한다. 그 외에 전채요리, 샐러드, 각종 디저트 등에도 많이 이용된다.

▌달걀의 역할

(1) 농후제로서의 역할

　달걀을 가열하면 응고되면서 음식을 걸쭉하게 만든다. 이 역할을 이용한 음식에는 달걀소스, 커스터드, 푸딩 등이 있다.

(2) 결합제로서의 역할

　달걀은 누들, 스터핑, 햄버거, 크로켓 등을 만들 때 재료와 재료를 결합해 주는 결합제로서의 역할을 한다.

(3) 청정제로서의 역할

　달걀 흰자를 거품내어 수프스톡 등을 끓일 때 넣어 국물 내의 이물질을 응고, 침전시켜 국물을 맑게 한다. 콩소메와 같은 맑은 수프를 만들 때 이를 이용한다.

(4) 팽창제로서의 역할

　수플레나 스펀지케이크를 만들 때 넣는 거품 낸 달걀 흰자는 밀가루 반죽을 가볍게 해주며 세포벽의 경도를 높여 팽창제로서의 역할을 한다.

(5) 유화제로서의 역할

　달걀은 지방과 물을 유화시키는 작용이 있으며, 특히 달걀 노른자의 콜레스테롤과 레시틴은 좋은 유화제이다. 이 역할을 이용한 음식으로 마요네즈, 홀랜다이즈 소스 등이 있다.

4. Soup(수프)

수프(soup)는 수 · 조 · 육류, 어류, 채소류를 주재료로 하여 끓인 수프스톡(stock)을 기초로 하여 만든 일종의 국물로서 조리법에 따라 여러 종류로 나뉜다.

수프의 종류

수프는 정찬에서 식사의 맨 처음에 나오며 입안을 적셔주고 앞으로 나올 음식을 부드럽게 넘기기 위한 맑은 수프(Clear soup)가 원칙이다. 이와 반대로 양도 많고 건더기가 있는 걸쭉한 수프(Thick soup)도 있다. 식사 때 내는 수프의 맛, 빛깔, 촉감이 다음에 나올 음식과 대조되도록 만들어져야 한다. 수프는 따뜻하게 나오는 것이 원칙이나 여름철에는 시원하게 해서 낼 수도 있다.

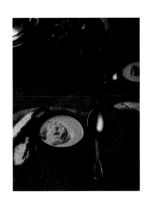

(1) 콩소메(consomme, clear soup)

맑게 만든 수프로 향미가 은은하다.

(2) 부용(bouillon)

Stock보다 진하며 국물 자체가 수프가 되기도 하며 Stock처럼 쓰인다. 콩소메처럼 향기가 은은하지만 국물이 약간 탁하다.

(3) 브로스(broth)

육류에 방향채소를 넣어 만든 국물로 맑지도 걸쭉하지도 않은 수프이다.

(4) 젤리드 수프(jellied soup)

젤라틴 성분이 많이 함유되어 있는 부위와 관절뼈를 고아 맑게 거른 수프이다. 육수에 인스턴트 젤라틴을 녹여 넣어 걸쭉하게 만들기도 하는데 차게 해서 내는 것이 특징이다.

(5) 포타지(potage, thick soup) : 수프의 총칭

국물을 토대로 해서 삶은 채소, 곡류 으깬 것, 분유 등으로 국물을 걸쭉하게 만든 것으로 모든 수프를 총칭한다.

(6) 차우더(Chowder)

육류, 어패류, 채소류를 큼직하게 썰어 넣어 건더기가 많게 한 수프로 우유나 크림을 넣기도 한다.

(7) 채소수프(vegetable soup)

채소만으로 또는 채소에 쇠고기 스톡이나 생선 스톡을 부어 끓인 수프이다.

5. Sauce(소스)

Sauce의 정의

음식을 요리하는 데 사용하거나 동반하는 데 쓰이는 다소간 유액의 assaisonnement(조미료 혹은 양념)

이 단어는 Salé를 뜻하는 Salsus라는 라틴어에서 비롯되었다. 소금은 오래전부터 모든 요리의 기초를 이루는 양념이었다. 탈레랑드(Talleyrand)는 영국이 3개의 소스와 360개의 종교를 가졌고 프랑스는 3개의 종교와 360개의 Sauces를 가졌다고 주장하였다. Cumonsky는 Cuisine et Vins de France에서 다음과 같이 표명하였다.

"소스들은 프랑스의 명예와 장식이다. Sauce들은 프랑스에 우월감을 마련해 주는 데 확실하게 기여하였다. 16세기의 사람들이 기술했던 것처럼 아무도 소스의 우수성에 대해 논쟁하지 않는다. Sauce와 Coulis들은 마지막 요리의 부속물이고 관현악법이며 또한 훌륭한 주방장이나 솜씨 좋은 요리사에게 그의 재주를 가치 있게 만들어주는 것을 허락해 주는 하나의 동기 같은 것이다."

▌소스의 역사

◇◇◇◇◇◇◇◇◇◇◇◇

소스를 만들기 시작한 것은 고대 이집트 사람들부터인데 그들의 음식은 맥주와 함께 구워진 거위였고 고대 로마시대에 이르기까지 소스 만드는 것은 요리할 때 특별한 것으로 자리 잡게 되었다. 로마에서 상류계급들은 어떤 방법이건 소스나 드레싱이 없는 것은 먹지 않았는데 거기에는 잘 알려진 Herbs(향초)나 Spice(향신료)를 사용했다. 소스는 Apicius가 남긴 책(『로마의 요리법』)에 나오는 소스 조리법 중 확실한 것으로 인정된 예술이었고 이 『로마의 요리법』이 오늘날까지 소스를 만드는 데 영향을 미치고 있다.

비록 많은 동양적인 Spice(향신료)들이 수입되었어도 로마 사람들은 Dill(딜), Savory(세이보리), Cumin(쿠민), Mint(박하), Thyme(타임), Borage(보리지), Oregano(오레가노) 등을 재배했다. 그들은 또 식초와 함께 겨자씨를 이용해 소스를 만들었는데, 이것이 Vinaigrette(비네그레트)의 전신이다. 고대의 많은 시민들은 소스의 표준을 "Garum"이라 알려진 기본 조미료에서 만들었는데 비록 이것이 기원전 4세기 그리스의 영향이라 할지라도 이것이 그 후 이탈리아에 직접 소개된 것은 아니었다. 그러나 곧 이것들은 모든 조리법, 포도주로 만든 식초와 양념들이 주요 성분으로 첨가된 곳에서 나타났다. 걸러진 리콰멘(Liquamen, 액체)의 작은 병 가룸(Garum, 양념)이라고 알려진 이것은 폼페이의 황무지에서도 발견되었다. 19세기 알렉시스 수아예(Alexis Soyer, 주방장)는 이 단어에서 파생된 것은 새우를 주로 이용하는 것이었다고 했다. 고대 중국에서는 식중독에 의한 죽음 때문에 발효된 소스를 사용하지 않았고 북유럽에서는 청어를 잘 숙성된 상태에서 서빙하기 전 발효하기 위해 따뜻한 곳에 놔둔다. 반면 로마 사람들이 주로 사용하던 소스가 Garum이었다면 중세의 식품과 요리에 주로 사용된 것은 과일이었다. 이런 소스들은 잘 익지 않은 포도로 만들었는데 이를 버주스(Verjuice, 신 과즙)라 부른다. 오늘날에는 포도가 너무 달아서 포도 대신 익지 않은 사과를 사용한다. 중세 파리에서 소스 만드는 것은 특별히 길드(Guild, 중세 유럽의 상인, 상인의 노동조합)의 특권이었다. 루이 12세 기간 동안에는 길드에서 소스를 만들고 파는 데 독점적인 특권을 가지고 있었다.

1394년의 한 법령에는 Cameline이 언급되어 있는데

이것은 Cinnamon(계피), Cloves(정향), Ginger(생강), Bread crumbs(빵가루), Vinegar(식초), Paradise의 열매 등에서 만들어지는데 이는 Allspice(올스파이스)와 비슷하다. Tance라고 언급된 것은 Almond(아몬드 나무의 열매), 생강주(Verjuice, 신 과즙), Le Saupiquet, Le Mortechan, La Galatine, La Sauce a' L'alose, Au Mout, 우유, 마늘, 녹색 소스 등을 넣어 다른 소스 등으로 만들어졌다. 이런 소스들은 대부분 단맛과 함께 후추와 같은 알알한 맛이 난다. 중세 초기의 소스 "Gramose"는 달걀, 증류된 사과즙, 식초가 들어간 수프 재료로 만들어지는 Custard Sauce(커스터드 소스)였다. 끓인 가금류를 위한 소스로는 끓인 국물에 분해된 단맛이 나는 향신료에 겨울엔 녹색의 Sorrel(소렐) 등으로 만들어진 것이다. 중세 프랑스에서는 역시 호두 대신 아몬드로, 그리고 약간의 설탕이 첨가된 화이트 소스를 만들었다. 구운 가금류(Roast Fowl)에는 아몬드를 곁들인 마늘 소스와 단맛 나는 포도주를 서브했고, 겨울엔 신맛 나는 포도주스를 사용했다. 적어도 하나의 소스 즉 소스 로버트(Robert)는 여러 세기 동안 만들어졌고(약간의 변화와 함께) 루이 14세의 요리사 Francois Pierre de La Varenne에 의해 만들어졌다. 19세기의 소스들은 클럽(Club)들과 연관성이 많다. 그런 클럽에서는 고객이 음식보다는 소스에 더 많은 요금을 지불한다고 생각했다.

이 기간에는 유명한 소스들이 줄줄이 창조되었는데 Reform(리폼), Prine Regent's(프린스 리전스), Alboni(알보니), Benton(벤턴), Cambridge(케임브리지), Cumberland(컴벌랜드), Dr Kitchener's(닥터키치너스) 등이다. Prince's Regent's 소스는 구운 닭요리와 함께 서브되었는데 버터, 햄, Shallots(샬롯), 포도주, 닭고기육수, 갈색소스 등으로 만들어졌다. Reform(리폼) 소스는 클럽에서 알렉시스 수아예에 의해 발명되었고 이것의 재료는 Espagnole(에스파뇰)소스, 젤리로 된 갈색 소스, 레몬주스, Redcurrant Jelly(까치밥나무로 만든 젤리), 적포도주, Cayenne페퍼, 토마토 퓌레, 삶은 달걀, 볶은 버섯, 그리고 요리된 햄 등이었다. 디킨스(Dickens)에 따르면 소스에는 많은 종류가 있고 오늘날 많은 종류가 사용되고 있다. 알렉상드르 뒤마(Alexandre Dumas)는 "어떤 요리사도 소스 만드는 예술을 마스터할 때까지 결코 좋은 요리사가 될 수 없다"고 말했다. 사실 어느 호텔에서건 소스 만드는 요리장은 특별히 존경받고 있다.

최신 소스

오늘날 우리는 비록 몇 꾸러미 혹은 몇 개의 캔으로 된 소스에 의지한다 할지라도 음식에 소스를 곁들여 먹는 데 익숙해져 있다. 캔으로 된 소스는 사실상 음식으로 요리할 때 최고로는 바람직하지 못한 것이고 최악으로는 용납하기 어려운 것이다. 문제는 다양하지 못하다는 것인데 가정에서 수십 가지 요리를 위해서는 즉 정원에서 자라는 어떤 종류던지 적은 양의 겨자나 토마토 퓌레나 신선한 향초의 잔가지를 첨가할 수 있다는 데 있다. 그래서 소스 만드는 것은 재미있는 방향으로 가고 있고, 만약 당신이 요리하는 것을 즐기지 않는다면 역시 먹는 것도 즐길 수 없을 것이다.

소스가 요리에 필요한 이유

소스의 세 가지 중요한 기능은 풍미를 향상시키고, 결핍된 풍미를 보충시키며 결합체로서의 작용을 하는 것이다. 가장 간단한 향기 있는 소스는 단지 녹인 버터에 약간의 소금과 레몬주스와 향초로 양념된 것이다. 소스는 액체상태나 반액체상태나 부속물로 음식을 완성시킨다. 이것은 되거나 중간이거나 묽을 수 있고 간단한 재료로 다양하게 만들 수 있다. 소스는 요리할 때 반드시 분리될 필요는 없고 중요식품 재료들과 함께 요리되며 식품에 첨가된 재료들의 즙과 향기가 혼합된다. 이렇게 포함된 것이 Boeuf Bourguignon, Coq Au Vin, 그리고 Sola A'La Bonne Femme이다. 소스는 간단하고 건조한 음식에 수분과 농후한 맛을 주고 음식의 색과 영양적 가치도 향상시킬 것이다. 때때로 소스는 음식에 곁들여져 대조되는 맛으로 사용되는데 예를 들면 돼지고기와 사과 소스, 오리고기와 오렌지 소스, 생선과 타르타르 소스 등이 그것이다. 다른 경우에도 소스는 다소 평범할지도 모를 식품의 외양을 증진시키는 코팅(Coating : 음식물의 겉에 입히는 것)제로써의 역할도 하는데, Chaud-Froid는 마요네즈나 어떤 소스와 젤라틴이 배합된 음식이고 때때로 고기젤리는 소스에 매우 기름진 외양을 가진 것처럼 보이게 한다. 소스는 물리도록 단맛이 나거나 농후한 맛이 나면 안 된다. 간단한 과일 소스는 딸기와 같이 부드러운 과일의 퓌레에 의해 만들어진다. 소스의 종류는 끝이 없지만 중요하게 기억할 것은 한 끼의 식사에 많은 양이나 여러 가지 소스를 제공하지 않는다는 것이다.

농도(Thickening, Liaison)

어떤 방법에서는 소스가 진하게 될 수밖에 없는데 이런 Thickening(진한, 농후함)은 Liaison으로 알려져 있다. 이것은 액체와 고체로 분리되는 것을 막기 위한 것이다. Liaison(Thickening) 작용을 하는 것은 Comflour(Comstarch, 옥수수 전분), 칡, 밀가루, 버터나 기름, 쌀가루, 보릿가루, 채소 Puree, 달걀과 크림, 혹은 동물의 피 등인데 이런 것들을 소스에 첨가시키면 소스사 더 진해진다. 그러나 어떤 소스들은 대부분의 액체가 증발될 때까지 오랜 시간 조리는 방법에 의해서도 농후해진다. 즉 소스를 농후하게 만드는 것은 만드는 방법에 달려 있다.

(1) Roux

Roux는 가장 일반적인 Liasion이고 이것은 녹인 지방과 같은 양의 밀가루를 혼합한 것이다. Roux가 매우 낮은 열로 아주 오랫동안 요리된다면 그 혼합물은 거의 밤색이 되는데 이것이 갈색 소스의 기본이다.

(2) Beurre Manie

같은 양의 지방과 밀가루를 혼합한 것으로 풀과 같은 형태이다. 요리가 끝날 무렵 끓는 액체에 이것의 작은 덩어리들을 집어넣으면 각각의 작은 덩어리들은 격렬히 휘저어지며 거품을 일으키게 된다.

(3) Fecule

이것은 옥수수가루 혹은 칡과도 같은 전분질의 재료로써 저은 뒤 끓는 소스에 넣기 전 찬 액체에 적은 양을 넣어 혼합한 것이다.

(4) Eggs

달걀 전체 혹은 달걀 노른자는 소스통에 넣기 전 적은 양의 소스와 함께 휘저어 섞은 다음 첨가하여 농후해질 때까지 약한 온도에서 끓인다.

(5) Eggs and Butter

이것은 Hollandaise와 Bearnaise를 만들기 위해 배합하는 데 사용되고 때때로 유화된 소스로 불리기도 한다. 이것을 만들기 위해서는 버터를 녹이고 달걀과 레몬주스, 소금, 후추, 양념들과 같은 다른 재료들을 섞은 다음 소스가 진하게 될 때까지 약한 온도에서 조리한다.

(6) Blood

드물게 인정되는 조리법 중 하나는 혈액이 농후제로 사용된 Jugged Hare이다.

소스의 분류

비록 중복된 조리법의 수가 많다고 해도 소스를 분류하는 데는 많은 방법이 있다.

(1) 주된 분류

White(흰색) 소스는 Bechamel(베샤멜), Veloute, Allemande를 포함하고, 달고 매우 더운 소스는 Espagnole로 더 잘 알려져 있다. Cold(차가운) 소스는 마요네즈와 Chaud-Froid를 포함하여 달고 아주 찬 소스는 달걀 커스터드와 Sabayon(사바용), 달고 차가운 소스는 초콜릿 소스나 버터스코치 소스, 굳고 단단한 소스는 브랜디 버터소스로 잘 알려져 있다. 잡다한 종류의 향미료는 서양고추냉이, 사과 소스, 커리 소스, 박하 소스 등에서 발견할 수 있다. 샐러드 드레싱과 Gravy(그레이비 : 고깃국물 소스)는 소스와 소스를 만드는 데 사용되는 양념들로, 소스에서 가장 중요한 재료는 사용된 액체이다. 이것은 종종 스톡(고기 삶은 국물)으로 뼈와 살을 오랜 시간 서서히 조리해서 만든다. 모든 종류의 소스가 어떤 것은 완전하게, 많은 것이 쉽게, 대부분의 것은 응용할 수 있도록 되어 있다.

샐러드용 소스(Salad Dressing)

좋은 샐러드용 소스는 강한 맛이 나는 것이 아니다. 단지 얼얼한 맛이 나야 한다. 주요 재료가 미각을 상쾌하게 하고, 맛을 감소시키는 것이 아니라 향상시키고 보충되어야 하기 때문이다. 가장 인기 있는 샐러드용 소스는 프랑스의 비네그레트(Vinaigrette)이다. 단순하지만 좋은 질의 재료가 사용되어야 한다. [French Dressing(프렌치 드레싱)과 비네그레트(Vinaigrette)

는 같은 것이다.] 비록 마요네즈가 샐러드용 소스로 구별되어 있지 않지만 샐러드 소스로 알고 있다. 샐러드용 소스는 요구르트나 크림, 과일주스로 만들어지며 이것은 항상 차게 제공되어야 한다. 모든 샐러드용 소스에서 중요한 재료의 기본은 기름, 식초, 겨자이다. 다양한 소스의 변화를 알기 위해 이것들의 맛과 성분을 알아둘 필요가 있다.

이탈리아, 스페인, 그리스, 프랑스로부터 온 올리브기름은 매우 독특한 맛을 가지고 있다. 맨 처음 농축된 것은 가장 질이 좋고 가장 독특한 맛이 난다. 그래서 요리나 샐러드용 소스로 가장 많이 사용된다. 해바라기 기름은 불포화도가 높으며 매우 얇고 색깔이 밝으며 독특한 맛은 거의 없어 마요네즈에 사용하면 느끼한 맛을 감소시킬 수 있어 이상적이다. 땅콩기름은 특별히 고소한 맛이 나며 색깔이 밝다. 참기름과 호두기름은 값이 비싸며 독특한 자신의 맛을 낸다. 옥수수와 또 다른 견과류 기름들을 혼합하여 샐러드용 소스를 만들면 소스의 맛이 한층 고급스러워질 수 있다. 콩으로부터 만들어진 콩기름은 점점 사용이 증가되고 있으며 다른 식용유보다 가격 면에서 좋은 비교가 되며 맛은 중립적이어서 매우 자연스럽게 소스를 만드는 데 사용할 수 있을 것 같다. 겨자기름은 자연스럽게 겨자의 맛을 소스에 돋울 수 있어 좋다.

식초는 기름만큼 맛에 영향을 주며 특히 소스의 시큼한 맛이 영향을 준다. 보통 흰 식초는 엿기름, 호밀, 보리로부터 추출한 것이며 이런 것들의 맛은 다소 거칠다. 사과즙 식초는 날카로움은 덜하지만 약간 달콤하다. 반면에 붉은색이나 흰 포도주식초는 독특한 좋은 다른 맛이 난다. 장밋빛의 샐러드용 소스를 원할 때 붉은색의 포도주 식초를 사용하면 된다. 레몬주스는 식초의 대체물로써 적합하게 사용될 수 있다. 비네그레트(Vinaigrette)의 맛은 거의 기름에 의해 결정되지만 맛을 내는 데는 또한 식초, 겨자, 향초가 중요한 역할을 한다. 비네그레트와 마요네즈는 약 2주일 정도 냉장고에 보관할 수 있으며 사용하기 전 2시간 정도 실내온도에 놓아

두어야 한다. 냉장고에서 꺼냈을 때 응고된 것 같으면 약간의 물, 포도주, 위스키 등을 첨가하여 응고된 것을 풀어서 제공해야 한다. 양배추나 감자 같은 딱딱한 채소샐러드는 미리 소스를 혼합하여 맛을 돋우고 부드러운 잎의 샐러드는 제공되기 바로 직전에 혼합해야 한다. 특히 올리브유를 밀봉하지 않으면 맛이 변하고 색이 탁해진다.

마리네이드와 식초(Marinade and Vinegar)

마리네이드란 절인 것을 의미하며 바다와 관계가 있다. 왜냐하면 '바다'란 뜻의 어원에서 나온 말이기 때문이다. 냉장고를 사용하기 이전에는 육류나 사냥감을 저장하기 위한 중요한 초창기 보관방법이다. 요즘은 음식을 부드럽게 하거나 간을 주기 위해 사용되고 있다. 마리네이드는 기름, 레몬주스, 식초, 포도주, 사이다 등으로 산성이 강한 맛을 내는 용해물이다. 산성재료는 음식에 스며들어 연하게 하는 데 사용되는 반면에 기름은 부드러움을 위해 사용된다.

당근, 양파, 마늘, 월계수 잎과 함께 맛을 내는 마리네이드에 넣은 재료는 두 가지 목적이 있다. 하나는 연하게 하는 것이고 둘째는 맛을 내기 위한 것이다. 향료의 종류나 절이는 시간은 음식의 종류에 달려 있다. 유류나 사냥감을 위한 요리는 감칠맛이 나는 정향(Clove), 캐러웨이(Caraway) 씨앗과 같은 것을 사용해야 하며 송아지고기나 조류, 생선의 맛을 내기 위해서는 훨씬 더 예민한 향료를 선택해야 한다. 식물의 잎(향초)이나 향신료는 채소보다 생선요리에 더 많이 이용된다. 특히 회향풀(Fennel)은 생선에 많이 이용된다. 채소 마리네이드에도 주로 바질, 타라곤, 마조람, 파슬리 줄기가 사용된다. 포도주와 식초는 항상 육류, 조류, 해초류에 쓰고 가끔 채소 마리네이드에도 술이 쓰인다. 레몬주스는 모든 마리네이드에 적합하다. 흡수가 느린 음식에는 많은 양의 기름을 사용해야 한다.

디저트(Dessert) 소스

녹인 아이스크림, 데운 시럽이나 생크림 등은 가장 간단한 디저트 소스이나 좀 더 이국적이고 흥미있는 소스를 만들 수 있다. 디저트 소스를 얼마나 빨리 만드는지 알면 놀랄 것이다. 그리고 대개는 합성된 상업적인 상품보다 확실하게 맛이 좋을 것이다. 디저트 소스는 음식을 보완해 주는 데 목적이 있다. 그러기 위해 소스에 달콤한 푸딩 같은 씹는 느낌의 변화도 좋은 생각이다. 잘게 썬 오렌지 과육을 부드러운 소스에 넣어 오렌지 푸딩과 함께 내면 좀 더 훌륭할 것이다. 약간의 설탕에 절인 생강조각(Slice)을 넣은 Cutard Sauce와 Hot Ginger Cake은 훌륭할 것이고, 딱딱한 초콜릿 소스를 입힌 바닐라 아이스크림은 가정에서 만든 Choco-Ice Cream(초코 아이스크림)을 제공할 것이다. 색은 침샘을 자극해 입안을 적시므로 맛이나 씹는 느낌을 살려준다. 음식광고는 이러한 점에 착안해 참지 못하고 사고 마는 탐식가에게 호소하는 것이다. 가정에서 만든 디저트라도 소스를 아름답게 만든다면 똑같은 효과가 있다. 만약 차게 해서 내놓는다면 대부분의 소스는 냉동될 수도 있다. 하지만 Sauce를 다시 덥힐 때는 좀 더 주의해야 한다.

생크림이나 신 크림, 요구르트는 다시 덥힐 때 굳는 경향이 있고 휘핑크림은 가끔 믿을 수 없다. 그러나 농축된 크림은 좀처럼 변하지는 않는다. 달걀 커스터드는 녹이거나 다시 덥히기가 힘들다. 비록 이런 경우 전자레인지가 매우 좋기는 하지만 녹이거나 덥히기는 힘든 것이다. 다시 덥힐 때 처음에 시도한 방법을 따라야 한다. 만약 소스가 중탕에서 요리되었다면 같은 방법으로 덥혀야 한다. 중탕이나 팬의 뜨거운 물 위의 그릇에서 요리할 때는 항상 주의해야 한다. 전자레인지는 소스를 만드는 데 훌륭하게 쓰인다. 왜냐하면 뭉쳐지는 것을 방지할 뿐 아니라 복잡한 소스도 처리할 수 있기 때문이다. 비록 전자파 기술이 필요하기는 하지만 약한 불에서 매 15초, 20초당 한 번씩 저어주면 까다로운 소스를 만드는 데 거의 실수가 없을 것이다. 차가운 상태에서 준비된 소스는 달아지기 쉽다. 냉동된 소스는 용해되었을 때 씹는 느낌에 변화가 오는 성질이 있고 상당히 농도가 진해진다. 소스를 뜨겁게 내놓으면 농도가 묽어진다. 그러면 칡가루나 옥수수 녹말, 밀가루 등을 사용하여 다시 진하게 만들 수 있다. 옥수수 녹말은 차가운 상태에서 좀 더 안전하나 밀가루의 두 배 정도 되는 끈기를 가진다.

맑은 소스(Crystal Clear Sauce)를 만들려면 칡가루를 선택해야 한다. 옥수수 녹말 대신 칡가루를 사용하면 끈기 때문에 반 정도의 양만 사용한다. 믹서기 같은 뛰어난 현대 기구들은 덩어리를 제거하는 데 매우 효과적이다. 아무리 확실한 소스라도 한 번은 여과시킬 필요가 있다.

굳은 소스는 약간의 끓는 물을 넣어 내놓을 수 있다. 단순히 향신료를 교체하거나 크림을 더하거나 Liqueur를 더하거나 양자를 다 더하거나 해서 만들 수 있다. 일반 디저트 소스를 진하게 해서 Coating Sauce를 만들 수 있다. 그리고 진한 소스는 언제든지 우유, 과일주스 심지어는 물을 넣어 연하게 만들 수 있다. 그러나 이것이 차갑게 넣어지더라도 반드시 끓여야 한다. 당신의 입맛에 맞게 단맛을 첨가시킬 수 있고 약간의 착색료로 색을 증진시킬 수 있다. 소스는 항상 적당히 써야 한다. 소스를 지나치게 많이 넣어 연못 속에 디저트가 있는 것처럼 보이지 않게 해야 한다. 소스 포트에 소스를 담아 음식을 내기 직전에 뿌려 내는 것이 좋다.

소스를 만들어 그대로 남겨둘 때는 요리한 후에 약간의 버터를 뜨거운 소스에 넣어준다. 이것은 건조한 대기를 차단시켜 주는 막을 형성하고 내놓기 전에 한번 저어주면 다시 윤기가 날 것이다. 선택적으로 기름종이 등을 소스 표면에 덮어도 된다. 어떤 종류의 디저트가 특별한 소스와 같이 나온다는 약간의 의견이 있지만 누구든 생각하는 대로 섞거나 Match시키지 못할 이유가 없다.

6. Fish(생선)/Poisson

생선을 선택하는 데 있어 우선 고려할 점은 신선도이다. 모든 생선은 단단하고 동결상태로 딱딱하지 않아야 하며 피부는 밝고 빛나는 비늘과 가깝게 밀착되어 있어야 하고 몸에 비늘이 납작하게 눕혀 있어야 한다. 아가미는 벌리기 어려워야 하고 내부는 선명한 선홍색을 띠어야 한다. 눈은 까만 눈동자와 투명한 각막으로 가득 차고 빛나야 한다. 신선한 생선은 비늘이 잘 붙어 있어 반짝거리며, 표피가 투명하고 단단하며 비린내가 없으며 눈이 푸르고 투명하고 아가미색이 선홍색이다. 생선을 구입할 때는 젖빛 나는 것이 아닌 진주빛의 불투명한 살을 구입해야 한다.

▌생선요리

생선은 서양식에서 수프 다음에 제공되는 요리이다. 흔히 사용되는 생선은 연어, 송어, 대구, 청어, 참치, 혀가자미 등이다.

갑각류로는 바닷가재, 게, 새우 등이 있으며, 조개류로는 굴, 대합, 가리비, 전복, 소라 등이 있고, 연체류로는 오징어, 문어 등이 사용된다. 특히 생선요리의 재료는 신선한 것을 선택해야 하며 제철 생선이 맛있다.

생선요리의 종류

(1) 생선 오븐구이(Baked fish)

생선에 버터나 샐러드 오일을 발라 오븐에 굽는 것이다.

(2) 삶은 생선(Boiled fish)

생선을 소금물에 찌듯이 익히거나 물에 소금, 식초, 포도주, 방향 채소 또는 향초를 넣어 끓이거나 조리는 법이다.

(3) 생선튀김(Fried fish)

적당한 크기의 생선에 소금, 후추를 뿌렸다가 밀가루나 빵가루를 입혀서 튀긴다. 미리 튀김옷을 만들어 입혀서 튀기는 것은 프리터라 한다.

(4) 뫼니에르(Meuniere)

생선에 소금, 후추를 뿌려 간한 다음 팬에 버터를 둘러 지져내는 것이다. 이때 밀가루를 묻혀서 지져도 된다. 보통 버터구이라고 한다.

(5) 찐 생선(Steamed fish)

생선을 찜통에 넣고 수증기에 의해 익혀내는 것으로 방향 채소를 밑에 깔고 찌기도 한다.

(6) 그라탱(Gratin)

익힌 생선에 흰 소스를 붓고 다진 치즈와 빵가루를 뿌려 오븐에서 구워낸다.

(7) 생선구이(Broiled fish, grillade)

생선에 소금, 후추를 뿌리고 샐러드유를 발라 브로일러에서 굽는다.

(8) 생선 브레이즈(Braised fish)

팬에 채소와 향초를 깔고 그 위에 생선을 놓아 소량의 국물로 익히는 방법이다.

(9) 파필로트(Papillote)

생선을 기름종이에 싸서 오븐에서 익힌다.

(10) 포치드(Poached)

생선 삶은 국물에 포도주를 조금 넣고 끓여서 익혀낸다.

7. 육류요리

서양요리에서 육류는 주식에 속하며 식사의 중심이 되는 것으로, 조리에 사용되는 육류는 종류가 많고 조리방법도 매우 체계적으로 되어 있다.

육류의 기본재료에는 쇠고기, 송아지고기, 어린 양고기, 양고기, 돼지고기 등이 있고 부위에 따라 조직의 모양과 맛이 다르며 조리방법에도 차이가 있다. 또한 조리할 때 고기를 연하게 하는 방법으로는 마리네이드에 2시간 내지 하루 정도 담그거나, 방망이 모양의 기구로 두들기거나 고기 표면에 살짝 칼집을 주어 고기의 결체조직과 근섬유를 끊어 연하게 만들어 조리하는 방법이 있다.

▌육류의 종류

Beef : 2년 이상 자란 소고기

Veal : 2년 이내의 송아지 고기로 수분이 많은 편이고 연하다.

Mutton : 다 자란 양고기(1년 이상)

Lamb : 6주~1년 사이의 어린 양고기

Pork : 돼지의 생육

▌육류요리의 종류

(1) 브로일링(Broiling)

석쇠에 직접 굽거나 팬에 굽는 방법으로 연한 고기를 선택한다.

(2) 로스팅, 베이킹(Roasting, Baking)

고기를 덩어리째 오븐에 넣어 굽는 방법이다. 소고기를 구울 때는 비프 로스트라 하고, 햄을 구울 때는 베이크드 햄이라고 한다. 스테이크는 살짝 구운 것, 반 정도 구운 것, 완전히 구운 것으로 나뉜다.

(3) 브레이징(Braising)

두꺼운 팬에서 천천히 갈색으로 익히거나 로스팅한 다음 물을 약간 붓고 푹 익히는 조리법이다.

(4) 스튜잉(Stewing)

브레이징보다 물을 넉넉히 붓고 장시간 끓이는 조리법이다.

(5) 팬 프라잉(Pan frying)

두꺼운 냄비에 양면이 갈색이 되도록 양쪽을 익힌다. 밀가루, 달걀, 빵가루 등의 옷을 입혔을 경우 적은 양의 기름이 필요하며 팬 프라잉은 물을 넣지 않고 뚜껑을 열고 익히는 것이 특징이다.

(6) 바비큐(Barbecue)

바비큐는 야외나 집안 뜰에서 만들어 먹는 조리법이다. 본래는 고기를 석쇠에 통째로 놓고 밑에서 올라오는 불에 굽는 방법이었으나 요즈음은 여러 크기로 미리 잘라 소스를 발라가며 굽기도 한다.

▌지비에(Gibier)

야생동물의 총칭으로 어원은 "Bossu(곱추의)"를 뜻하는 "Gibecer"라는 라틴어에서 파생된 Chasseur(샤쇠르, 사냥하다)의 의미를 가진 프랑스 고어에서 비롯되었다.

Poultry and Game(가금류와 야생동물, Volaille et Gibier)

'가금류'는 사육장이나 집에서 판매하기 위해 기르는 새들(닭, 오리, 비둘기, 거위, 칠면조, 뿔닭 등)을 지칭하는 용어인데, 여기에 집토끼를 포함시키기도 한다. 일반적으로 엽조류보다 단백질과 비타민은 부족하지만 지방질은 풍부하다. 가금류는 세계에서 중국이 가장 많이 생산하고 다음이 프랑스이다. 신선한 가금류의 저장은 1~3℃의 온도와 70~80%의 습도가 필요하고 오랫동안 저장하려면 −18~−20℃를 유지해야 하며 한번 해동한 후에는 바로 요리해야 하고 다시 냉동시키지 않는 것이 좋다.

'야생동물'은 크게 엽수류(Ground Game, Gibier a'Poil)와 엽조류(Game Bird, Gibiera' Plume)로 구분한다.

엽수류는 들(야생)짐승(사슴, 노루, 산토끼, 멧돼지 등 솜털을 가진 동물)을 총칭하는 용어이며 어린 짐승 고기는 사육동물과 비슷하거나 더 연하고 부드러우며 쉽게 소화되고 사육고기에 비해 영양가가 높으며 가을철에 사냥한 것이 가장 좋다.

엽조류는 산이나 들에서 사냥되는 새들(닭, 뇌조, 꿩, 도요새, 메추라기, 야생오리, 자고 등 깃털을 가진 동물)을 총칭한다. 엽조류는 사육류보다 담백하며 쉽게 소화되고 맛을 비교해 보면 엽조류가 더 향기가 있으나 지방은 적고 알부민은 더 많다.

엽수류나 엽조류는 사냥해서 가능한 빨리 내장을 제거하고 어둡고 신선한 장소에 일정기간 매달아 숙성시킨다. 이때 맛과 연함(부드러움)을 개선하는 탄수화물이 젖산으로 변하는 작용이 일어난다. 숙성시키는 기간은 동물의 나이와 종류에 따라 다르다.

엽수류는 보통 다리를 매달고 엽조류는 목을 매달아 숙성시킨다.

야생동물은 항상 어린 것을 구입하는 것이 중요하다. 예를 들어 새의 부리를 잡았을 때 쉽게 구부러지면 어린 것이다.

▍Duck(오리, Canard)

오리는 오래전부터 프랑스 낭트(Nantes) 지방과 루앙(Rouen) 지방에서 사육하는 가금류로 유명했으며 중국에서는 가축으로 기른 물새였다. 대식가들로부터 매우 애호되는 오리는 야생오리(Wild Duck, Canard Sauvage)와 사육장이나 집에서 기른 가금오리로 나눌 수 있으며 오리는 죽은 뒤 3일 정도 매달아 숙성시킨 다음 요리하는 것이 이상적이다. 목을 따지 말고 질식시켜 죽여야 붉은색을 가진 매우 연한 살과 특별한 맛을 얻을 수 있다. 사육된 오리는 살이 더 단단하고 지방질이 더 적으며 향이 더 강하다. 야생오리 종류 중에서 가장 많이 사용되는 종류는 넓적부리를 가진 것으로 이것은 살이 많고 맛이 좋다. 수컷은 밤색과 흰색이며, 장식된 회색과 푸른색의 깃털을 갖고 있는 암컷은 갈색이다. 요리에서 오리(Duck, Canard)라는 용어는 2~4달 정도 자란 것에 해당된다. 더 좋은 요리를 만들 수 있는 것은 새끼오리(Duckling, Caneton)이다.

▍Chicken(닭, Poulet)

닭은 사료에 따라 약간 노랗거나 흰색의 연한 살을 가지고 있으며 사육장이나 집에서 판매하기 위해 기르는 가금류를 말한다. 질 좋은 닭은 살이 연하고 탄력이 있어 흐물거리지 않아야 하며 껍질은 백색을 띠어야 하고 엉덩이의 살은 등뼈 가까이의 위쪽에 지방덩어리와 함께 분홍빛을 띠어야 한다. 성숙과정은 새끼병아리(Chick, Poussin) 1개월 정도, 병아리 5주에서 8주 정도, 스프링 치킨(Spring Chicken-Poulet de Grain) 10주 정도, 치킨(Chicken-Poulet Reine), 풀라르드(Poularde), 샤퐁(Chapon), 헨(Hen-Poule) 등으로 구분하나 사육하는 방법과 닭의 종류에 따라 맛과 살의 색 및 질이 달라진다.

8. 샐러드

샐러드는 채소만으로 또는 채소에 다른 재료를 혼합하여 샐러드 드레싱으로 먹을 수 있도록 만든 것이다. 식사의 다양성과 향취를 높이고 색채와 질감을 대조시켜 식욕을 돋우는 메뉴이며 식사의 영양적 가치를 증가시켜 준다. 보편적으로 녹색채소를 이용한 샐러드가 많이 만들어지며 샐러드는 대부분 생채소로 제공된다.

식사 중 샐러드는 주요리에 곁들여서 입맛을 산뜻하게 돋우기도 하고, 샐러드 자체가 주요리로 제공되기도 한다. 주요리에 곁들이는 샐러드 재료는 가볍고 향이 있으며 신선감이 있는 것을 사용하고 드레싱은 시고 산뜻한 것이 좋다. 한편 주요리로 제공하는 샐러드는 단백질을 많이 함유한 닭고기, 소고기, 돼지고기, 생선, 치즈 등에 채소를 섞어 만든다.

샐러드의 종류

- 그린 샐러드(green salads) : 녹색채소인 양상추, 꽃상추, 셀러리, 양배추, 양갓냉이 등이 주로 이용된다.
- 과일 샐러드(fruit salads) : 신선한 과일, 통조림, 얼린 과일, 말린 과일 등을 이용하여 만들며 대체로 디저트용으로 적합하다.
- 채소 샐러드(Vegetable salads) : 채소의 선택범위가 넓고 다양하기 때문에 향취나 질감, 색조의 변화를 즐길 수 있게 만든다. 주로 토마토, 양배추, 오이, 피망, 셀러리, 래디시 등이 사용되며 이외에 콜리플라워, 당근, 적양배추, 무 등이 쓰이기도 한다.
  - 고기, 생선, 조육, 달걀 샐러드 : 고기, 생선, 조육, 달걀 등과 채소를 혼합하면 영양이 풍부한 샐러드가 된다.
- 젤라틴 샐러드(gelatin salads) : 젤라틴 액체에 과일, 채소, 고기 등을 넣어 굳힌 샐러드로 디저트용으로 적합하다.
- 얼린 샐러드(frozen salads) : 과일, 채소, 고기 등을 넣은 마요네즈와 거품 낸 크림 또는 크림치즈에 과일, 채소, 고기 중 한 가지만 넣어 섞은 뒤 젤라틴을 넣어 얼린 샐러드이다.
- 따뜻한 샐러드(hot salads) : 데친 양상추, 뜨거운 양배추, 뜨거운 감자 등을 이용하며 향취가 다양하고 다른 음식과 조화를 이루기 쉽다.

샐러드 드레싱

샐러드 드레싱은 샐러드에 맛을 더해주기 위해 곁들여 먹는 소스이며, 기본재료는 기름과 식초로, 양질의 재료를 사용해서 만들어야 맛이 좋다. 드레싱의 조미료로는 소금, 후추, 파프리카, 고춧가루, 양파, 겨자, 설탕 등 여러 종류의 향신료 등이 사용된다.

기본적인 샐러드 드레싱에는 프렌치 드레싱, 마요네즈 드레싱, 익힌 드레싱 등의 세 가지가 있으며 여기에 양파, 겨자, 여러 향신료 등을 넣어 다양한 샐러드 드레싱을 만들 수 있다.

9. 채소요리

서양 채소의 분류

(1) 잎을 사용하는 채소

양상추, 양배추, 파슬리, 시금치, 케일

(2) 줄기를 사용하는 채소

아스파라거스, 셀러리, 죽순, 루바브

(3) 꽃을 사용하는 채소

콜리플라워, 브로콜리, 브뤼셀 스프라우트

(4) 열매를 사용하는 채소

피망, 오이, 토마토, 호박, 가지, 옥수수, 콩 종류

(5) 뿌리를 이용하는 채소

래디시, 당근, 양파, 감자, 비트, 고구마

채소요리의 조리방법

(1) 데치기(Blanching)

데치기는 채소 요리에서 가장 많이 이용되는 방법으로 끓는 물에 가능한 시간을 짧게 하여 데친다. 일반적으로 녹색채소를 데칠 때에는 재료량의 5배 정도의 끓는 물에 소금을 넣은 다음 뚜껑을 열고 데쳐 내면 변색되지 않으며 비타민 C의 산화도 억제된다.

(2) 삶기(Boiling)

삶기는 소량의 물에 끓여 채소의 조직이 연화되면 남은 조리수와 같이 조리한다. 조리시간이 길수록 수용성 영양소의 손실이 크다.

(3) 찌기(Steaming)

보통 증기로 찌는 스티밍과 압력을 가하여 끓는 온도 이상으로 온도를 높여서 조리시간을 단축시켜 찌는 압력솥을 이용한 조리가 있다. 채소를 끓는 물에 삶을 때보다는 맛과 영양의 손실이 적지만 조리시간이 길어지므로 열에 의해 비타민이 파괴되고 변색될 수도 있다.

(4) 튀김(Frying)

튀김은 튀김옷을 입혀 튀기는 방법과 튀김옷을 입히지 않고 튀기는 방법이 있으며, 기름의 양에 따라 기름을 적게 하여 지지는 방법과 많은 양의 기름에서 튀기는 방법이 있다.

(5) 굽기(Baking)

직접 불에 굽거나 오븐 속에 넣어 건열로 익히는 방법으로 감자 등을 껍질째 통으로 굽는 방법과 그라탱과 같이 캐서롤에 채소와 소스를 켜켜이 담아 굽는 방법 등이 있다.

(6) 글레이징(Glazing)

채소를 소금물에 살짝 익혀 물기를 뺀 뒤 넓고 낮은 팬에 버터, 설탕 등과 같이 뚜껑을 덮고 용액이 농축되어 묽은 시럽상태가 될 때까지 부드럽게 익힌 다음 윤기가 나게 만드는 방법이다. 글레이즈하기 좋은 채소는 당근, 밤, 순무 등이다.

Artichoke(아티초크) **Eggplant**(가지) **Celery**(셀러리) **Cauliflower**(콜리플라워)

Broccoli(브로콜리) **String Beans**
(스트링 빈스) **Chinese Leaf**(배추) **Fava Beans**(페버빈스)

Sweet Potato(고구마) **Stinging Nettle**
(서양쐐기풀) **Endive**
(엔다이브) **Peas**(피스)

Fennel(펜넬) **Cucumber**(오이) **Squash**(호박) **Carrots**(당근)

Mountain Spinach
(산시금치) **Celeriac**(셀러리악) **Leeks**(대파) **Okra**(오크라)

Green Cabbage
(푸른 배추) **Kohlrabi**(콜라비) **Swiss Chard**(스위스 근대) **Pak Choi**(청경채)

Bell Peppers(피망)   **Parsnip**(파스닙)   **Horseradish**
(호스래디시)   **Rhubarb**(루바브)

Brussels Sprouts(방울양
배추, 브뤼셀 스프라우트)   **Red Cabbage**
(붉은 배추)   **Sorrel**(소렐)   **Pink Radishes**
(분홍래디시)

Beet(비트)   **Salsify**(서양우엉)   **Asparagus**(아스파라거스)   **Spinach**(시금치)

Tomatoes
(토마토)   **White Cabbage**
(흰 양배추)   **Savoy Cabbage**
(사보이)   **Corn**(옥수수)

Onions(양파)   **Rutabaga**(루타바가)   **Jerusalem Artichoke**
(예루살렘 아티초크)   **Zucchini**(애호박)

양식조리 실무 이해

1. 기본 조리법

1) **삶기(Boiling)** : 식재료를 액체나 100℃의 물에 넣고 끓이는 방법

2) **데치기(Blanching)** : 식재료를 많은 양의 끓는 물 또는 기름 속에 집어넣어 짧게 조리하는 방법

3) **굽기(Broiling, Grilling)** : Broiling은 석쇠 위에서 직접 불에 쬐어 굽는 방법이고, Grilling은 가열된 금속의 표면에서 간접적으로 불에 굽는 방법이다.

4) **베이킹(Baking)** : Oven 안에서 건조열로 굽는 방법으로 빵류, Tart류, Pie류, Cake류 등 빵집에서 많이 사용한다.

5) **찌기(Steaming)** : 수증기의 대류를 이용하는 방법으로 증기가 음식물을 둘러싸고 있으면서 열에너지로 음식을 익히는 방법이다.

6) **로스팅(Roasting)** : 서양요리를 만드는 대표적인 조리법으로 육류나 가금류 등을 통째로 오븐 속에 넣어 굽는 방법으로 뚜껑을 덮지 않은 채로 조리한다.

7) **브레이징(Braising)** : 건열조리와 습열조리가 혼합된 방법으로 연한 육류나 가금류를 고기 자체의 수분 또는 아주 적은 양의 수분을 첨가한 후 뚜껑을 덮어 오븐 속에서 은근히

익히는 방법. 우리나라의 찜과 비슷한 조리법으로 오븐에서 가열한다.

8) **포칭(Poaching)** : 달걀이나 단백질 식품 등을 비등점 이하의 온도(70~80℃)에서 끓는 물, 혹은 액체 속에 담가 익히는 방법이다. 낮은 온도에서 조리함으로써 단백질 식품이 건조하고 딱딱해짐을 방지하고 부드러움을 살리는 데 목적이 있다.

9) **스튜(Stewing)** : 한국의 찌개와 비슷한 조리방법이다. 고기나 채소 등을 큼직하게 썰어 버터에 볶다가 브라운 소스를 넣고 충분히 끓여 걸쭉하게 하는 조리이다.

10) **볶음(Sauteing)** : 얇은 Saute pan이나 Fry pan에 소량의 버터 혹은 샐러드오일을 넣고 잘게 썬 고기 등을 200℃ 정도의 고온에서 살짝 볶는 방법이다.

11) **조림(Glazing)** : 설탕이나 버터, 육즙 등을 농축시켜 음식에 코팅시키는 조리방법이다.

12) **튀기기(Frying)** : 식용유에 음식물을 튀기는 방법이다. 튀김 온도는 수분이 많은 채소일수록 비교적 저온으로 하며, 생선류, 육류의 순으로 고온 처리한다.

13) **갈기(Blending)** : 채소나 과일 또는 소스를 만들 때 믹서기를 이용하여 갈아주는 방법이다.

14) **시머링(Simmering)** : 낮은 온도에서 장시간 끓이는 조리법으로 식재료의 영양분을 용출시키는 데 가장 효과적인 방법이다. 소스나 스톡을 만들 때 사용한다.

15) **휘핑(Whipping)** : 거품기를 이용하여 한쪽 방향으로 빠르게 저어 거품을 내서 공기를 함유하게 하는 것으로 달걀 흰자 거품을 내는 데 사용하는 방법이다.

16) **Gratinating(Gratiner)** : 요리할 음식 위에 버터, 치즈, 달걀, 소스 등을 올려서 샐러맨더나 브로일러를 이용하여 굽는 방법이다. 250~300℃가 적당하다. 그라탱 요리, 파스타, 생선요리 등을 만든다.

17) **마이크로웨이브 쿠킹(Microwave cooking)** : 초단파 전자오븐으로 고열을 이용하여 짧은 시간에 조리하는 방법이다. 진공 포장한 요리를 먹기 전에 데우는 방법이다.

2. 서양조리의 기본 썰기 용어

1) **Julienne(쥘리엔)** : 0.6cm×0.6cm×6cm 길이의 네모막대 썰기인데 Batonnet(바토네) 또는 Large Julienne(라지 쥘리엔)이라 한다.

- Fine Julienne(파인 쥘리엔) : 0.15㎝×0.15㎝×5㎝ 정도의 가늘게 채썬 형태로 당근, 무, 감자, 셀러리 등을 조리할 때 사용

2) Dice(다이스) : ① Large−2㎝×2㎝×2㎝ 크기의 주사위형 네모 썰기

② Medium−1.2㎝×1.2㎝×1.2㎝의 주사위 모양

③ Small−0.6㎝×0.6㎝×0.6㎝ 크기의 주사위형 정육면체

3) Brunoise(브뤼누아즈) : 0.3㎝×0.3㎝×0.3㎝ 주사위형 정육면체로 작은 형태의 네모 썰기

- Fine Brunoise(파인 브뤼누아즈) : 0.15㎝×0.15㎝×0.15㎝ 형태의 네모 썰기

4) Paysanne(페이잔) : 1.2㎝×1.2㎝×0.3㎝ 크기의 직육면체로 납작한 네모 형태

5) Chiffonade(시포나드) : 실처럼 가늘게 써는 것. 바질잎이나 상추, 허브잎 등을 겹겹이 쌓은 후 둥글게 말아서 가늘게 썬다.

6) Cube(큐브) : 1.5㎝×1.5㎝×1.5㎝로 정육면체의 깍두기 모양

7) Concasse(콩카세) : 토마토를 0.5㎝×0.5㎝×0.5㎝의 크기로 써는데 토마토가 둥글기 때문에 실제로 똑같은 모양을 유지하기가 힘들다.

8) Chateau(샤토) : 길이 6㎝ 정도로 잘라 달걀 모양으로 만드는데 6면을 잘 다듬어 일정한 각도로 휘어서 깎아야 한다.

9) Emincer(slice)(에맹세) : 채소를 얇게 저미는 것. 영어로는 Slice(슬라이스)라고 한다.

10) Hacher(chopping)(아셰) : 채소를 곱게 다지는 것. 영어로는 Chopping(초핑)이라고 한다.

11) Macedoine(마세두안) : 가로 · 세로 · 높이를 1.2㎝×1.2㎝×1.2㎝ 크기로 썬 주사위 모양. 과일 샐러드 만들 때 사용한다.

12) Olivette(올리베트) : 길이 6㎝ 정도의 정육면체 모양을 내어 위에서 아래로 훑어 깎아 올리브 모양으로 만들어 다듬는 것을 말한다. 아래위는 뾰족하고 가운데 모양은 둥글게 만든다.

13) Parisienne(파리지엔) : 채소나 과일을 둥근 구슬 모양으로 파내는 방법으로 파리지엔 나이프를 사용한다.

14) Printanier(Lozenge)(프랭타니에)(로진지) : 두께 0.4㎝, 가로ㆍ세로 1.2㎝ 정도의 다이아 몬드형으로 써는 방법

15) Pont Neuf(퐁뇌프) : 0.6㎝×0.6㎝×6㎝의 크기로 가늘고 긴 막대 모양으로 써는 것 French Fried Potatoes를 할 때 많이 사용한다.

16) Russe(뤼스) : 0.5㎝×0.5㎝×3㎝ 크기로 길이가 짧은 막대형으로 써는 것

17) Carrot Vichy(캐럿 비시) : 두께 0.7㎝의 둥근 모양으로 썰어 가장자리를 비스듬하게 돌려깎아 비행접시 모양으로 만드는 것

18) Mince(민스) : 고기나 채소를 곱게 다지거나 으깰 때 사용하는 조리용어

19) Rondelle(롱델) : 둥근 채소를 두께 0.4㎝~1㎝ 정도로 자르는 것

3. 식재료의 계량

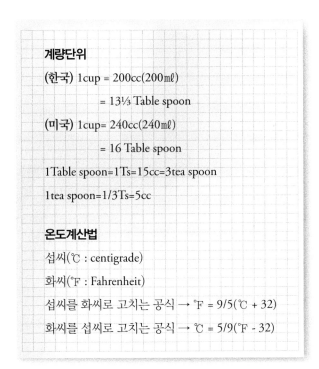

계량단위

(한국) 1cup = 200cc(200㎖)

= 13⅓ Table spoon

(미국) 1cup= 240cc(240㎖)

= 16 Table spoon

1Table spoon=1Ts=15cc=3tea spoon

1tea spoon=1/3Ts=5cc

온도계산법

섭씨(℃ : centigrade)

화씨(℉ : Fahrenheit)

섭씨를 화씨로 고치는 공식 → ℉ = 9/5(℃ + 32)

화씨를 섭씨로 고치는 공식 → ℃ = 5/9(℉ - 32)

4. 테이블세팅(Table Setting)

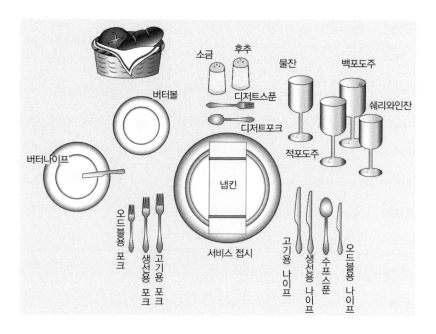

5. 서양요리의 식사순서에 따른 예절

▌식사 전의 술(Aperitif)

식사 전에 식욕을 돋우는 반주를 Aperitif(아페리티프)라 하는데 주로 쉐리와인(Sherry Wine)과 드라이 버무스(Dry Vermouth)를 사용한다.

▌오르되브르(Hors d'Oeuvre)=Appetizer=전채요리

오드블은 식전 식욕을 촉진하는 요리로 카나페(Canape), 훈제요리, 철갑상어 알, 거위간 (Foie gras) 등을 기본으로 하며 약간 자극적인 것이 좋다.

수프(Potage)와 빵(Bread)

식탁의 맨 오른쪽에 있는 수프 스푼으로 먹는데 소리나지 않게 먹으며, 예전에는 가운데가 약간 들어간 접시 종류를 사용하였으나 근래에는 볼(Bowl)을 더 많이 사용한다. 빵은 미리 제공되기도 하고 수프 뒤에 제공되기도 하는데 주요리와 같이 먹는다. 빵은 손으로 떼어서 버터나 잼을 발라 먹는다.

생선요리(Poisson : Fish)

생선요리를 먹을 때는 포크와 나이프를 사용하는데, 생선은 뒤집지 말고 살만 발라 먹도록 하고, 잔뼈가 입에 들어갈 경우는 한 손으로 살짝 가리고 다른 손으로 뼈만 빼내어 접시에 올려놓는다. 생선요리에는 백포도주가 어울린다.

주요리(Main Course : 육류)와 샐러드

육류는 중심이 되는 요리로 주로 소고기를 이용한 스테이크가 제공된다. 스테이크의 경우 안심과 등심을 많이 사용하는데, 굽는 정도에 따라 표면만 살짝 굽는 Rare(레어)부터 Medium rare(미디엄레어), Medium(미디엄) 그리고 완전히 익히는 Welldone(웰던)이 있다. 샐러드는 샐러드 드레싱을 얹어서 포크를 이용하여 육류를 먹는 동안 간간이 먹으면 된다.

디저트(Dessert : 후식)

식사 후에 나오는 아이스크림, 파이, 푸딩, 케이크 등이다. 과일은 디저트 후에 나오며, 과일용 나이프와 포크를 사용한다.

▌데미타스(Demitasse : 커피)

정찬의 마지막 순서는 데미타스다. 이것은 작은 커피 잔으로 보통 잔의 1/2 정도밖에 되지 않는 것을 사용한다. 그 외 음료로는 홍차나 녹차를 낼 수도 있다.

6. 향신료(Spice)

1) 향신료의 개요(Summary of Spice)

향신료(Spice)는 요리에 맛, 색, 향을 내기 위해 사용하는 "식물의 종자, 과실, 꽃, 잎, 껍질, 뿌리 등에서 얻은 식물의 일부분으로 특유의 향미를 가지고 식품의 향미를 북돋거나, 아름다운 색을 나타내어 식욕을 증진시키거나, 소화기능을 조장하는 작용을 하는 것"이라고 정의하지만 나라 또는 민족의 식생활에 따라서 그 범위, 종류, 분류는 다르게 되어 있다. 옥스퍼드 사전에 의하면 "식품에 향미를 주기 위해 사용되는 것으로 향 또는 자극성을 가진 식물"이라고 광범위하게 정의를 내리고 있다. 『Spice 역사와 종류』의 저자로 유명한 John Parry는 다음과 같이 정의하고 있다. "spice는 식물을 건조한 것으로 식품에 첨가함으로써 그 식품의 향미를 높이고 기호성과 자극성을 부여하는 것이다." 대부분의 향신료는 상쾌한 방향이 있고, 자극이 있는 것으로 식물의 뿌리, 껍질, 잎, 과실 등에서 얻어지는 것이다.

그러면 향초(Herb)란 무엇인가? 허브의 어원은 라틴어의 '푸른 풀(herba)'에서 비롯되었으며, 사전에는 허브를 "잎이나 줄기를 식용, 약용으로 쓰거나 향기나 향미를 이용하는 식물"이라고 되어 있다.

그러나 상업상 향신료라고 하면 향초(香草)를 포함하는 경우가 많지만 최근에는 향초가 herb로서, 또 다른 시점에서 보급되고 있어 향신료와 향초를 구별하여 생각하기도 한다. 그러나 허브는 스파이스 안에 포함되는 개념으로서 좁은 의미로 해석할 수 있고, 스파이스는 허브를 포함하는 개념이라고 할 수 있다. 즉 향신료는 음식에 방향, 착색, 풍미를 주어 식욕 촉진과 맛을 향상시키는 식물성 물질로, 사용하는 부위에 따라 스파이스(Spice)와 허브(Herb)로 나눌 수 있다. Spice는 방향성 식물의 뿌리, 줄기, 껍질, 씨앗 등 딱딱한 부분으로 비교적 향이 강하며, Herb는 잎이나 꽃잎 등 비교적 연한 부분을 말한다.

오늘날의 향신료는 그 이용부위와 범위가 훨씬 넓어져 향료나 약용, 채소, 양념, 식품보존제 및 첨가물 등으로 광범위하게 사용되고 있다. 향신료를 음식물에 사용하는 형태는 ① 요리의 준비나 조리과정 중에 사용하는 쿠킹스파이스, ② 완성시키거나 완성된 요리에 사용하는 파이널스파이스, ③ 식탁에서 각자의 기호에 따라 이용하는 테이블스파이스로 나눌 수 있다. 또한 향신료의 효과를 끌어내는 방법에 따라서는 대부분의 가루 향신료처럼 ① 식품에 뿌리거나 섞기만 하면 되는 것, ② 고춧가루·서양겨자·고추냉이 등과 같이 물에 개지 않으면 향신미가 생기지 않는 것, ③ 사프란의 암술대나 치자나무 열매 등과 같이 뜨거운 물에 담가야 색소를 내는 것, ④ 월계수의 잎처럼 삶으면 향기가 높아지는 것, ⑤ 타마린드처럼 물에 담가서 산미를 용출시킨 뒤 섬유를 걸러내야 하는 것 등이 있으며, 모두 적은 양을 사용해도 효과가 있다. 이것들은 사용방법뿐만 아니라, 사용목적도 다르므로 개개의 성질을 잘 알아야 적절히 선택하여 음식의 효과를 낼 수 있다. 또한 향신료는 한 종류만 쓰기도 하지만, 여러 다른 종류와 배합하여 그 효과를 높이기도 한다. 대표적인 것으로 커리가루가 있다.

인도커리는 계피와 월계수, 쿠민, 코리앤더, 카더멈, 후춧가루, 정향, 메이스, 고추, 후추, 생강, 터메릭 등을 볶아 섞은 것이다. 그 밖에 고추를 주원료로 하고 오레가노, 딜 등을 배합한 칠리가루가 있고 팔각, 육계, 정향, 산초, 진피를 조합한 중국의 오향(五香) 등이 있다. 시판되는 형태로는 날것, 건조품, 페이스트라고 하는 퓌레형태의 것, 초·염초(鹽醋)·염수 등에 담근 것, 냉동시킨 것 등이 있다.

향신료는 ① 누린내·비린내와 화학적으로 결합하여 불쾌한 냄새를 억제하는 기능, ② 식품 자체의 맛을 이끌어내는 동시에 향기를 만들어내는 기능, ③ 매운맛·쌉쌀한 맛 등을 통하여 소화액 분비를 촉진시켜 식욕을 증진시키는 기능, ④ 음식에 색을 더해주는 착색기능이 있다. 또한 향신료는 예로부터 각종 병의 치료와 예방에 사용되는 등 그 효용이 높았다. 신선도나 보존방법에 따라 향미에 변화가 생기므로 향미가 손상되지 않도록 하려면 소량으로 사고, 구입한 뒤에는 밀봉용기에 담아 열, 빛, 습기를 피해서 보관한다. 특히, 분말향신료는 향기성분이 없어지기 쉬우므로 사용할 때 습기가 있는 용기 위에서 병째로 들고 뿌리는 것은 금물이며, 그릇마다 작은 스푼을 준비하여 필요량만을 떠서 사용하는 것이 바람직하다.

2) 향신료의 유래와 역사(History of Spice)

고대 수도승이나 의사에 의해 써진 『허벌(본초서)』은 허브의 형체에서 심벌과 사인을 찾아 그 특성에 따른 이용법이 기술되어 있으며, 스위스의 호서유적, 남미 안데스산의 잉카유적 등의 유적에서 고대 인류가 식물을 양식 이상의 치료제로 사용해 왔음을 볼 수 있다.

중국은 기원전 3000년경 신농씨 형제가 약용식물을 처음 연구한 것으로 알려져 있으며, 이것이 구전되어 오다가 도홍경(AD 452~536)에 의해 『신농 본초경』으로 집대성되었다. 당시 365종의 식물을 보약, 치료약으로 사용하도록 구분했으며, 그 후 중국에서 1597년 이시진에 의해 『본초강목』이 출간되었고 같은 시기에 우리나라에서는 1596년 허준이 『동의보감』을 저술하여 오늘날까지 한의학 사전으로 각광받고 있다.

고대 이집트의 유적에서 발견된 아니스, 마조람 등은 고대 이집트인들이 허브를 실생활에 다양하게 이용했음을 보여주고 있으며, 『신약성서』에서도 예수가 돌아가신 후 그 시신에 스위트 밤 등 각종 허브를 이용한 것으로 알려져 있다. 그 후 여러 학자들, 특히 의학의 아버지 히포크라테스(BC 477~360)와 식물학의 아버지 플리니(Pliny : AD 62~110) 등에 의해 허브의 가치가 보다 높게 부각되었다.

6세기경 아라비아 상인들은 중국, 인도네시아, 세일론(스리랑카), 인도 등지에서 향신료를 배 또는 낙타를 이용하여 이집트, 그리스, 이탈리아에 판매하였으며, 7세기경 침공한 나라로부터 향료상권을 가져온 모하메드가 죽은 후, 기회를 노리던 베니스의 상인들이 재빨리 향신료 시장에 뛰어들어 많은 수익을 올리자, 바다 위에 건축물과 예술적 걸작들을 남겨 오늘날까지도 관광객이 줄을 잇는, 세계적인 관광명소로 사랑받고 있다.

8세기경 모하메드의 후계자들은 스페인을 침공하여 사프란을 가져갔으며, 그 후 사프란은 요리에 필수적인 향신료가 되었다.

9세기경 유럽에서 향신료의 가치가 폭등하면서 Mace(육구두) 1파운드(약 450g)가 양 세 마리의 가치였고, 카더멈 1온스(약 28g)는 평민의 1년치 생활비와 맞먹었으며, 한 컵의 후추는 한 명의 노예와 맞바꿀 정도의 가치가 있었고 은과 같은 가격으로 화폐로써 통용되었다고 한다. 당시 아랍 상인들이 향신료를 어디서 가져오는지 유럽인들은 몰랐다. 아랍 상인들이 독점권을 갖기 위해 원산지를 극비에 부쳤으며, 극동이나 근동에서 향신료를 가져오기 위해 수개

월간 목숨 거는 위험을 무릅쓰고 고생해야 했기 때문이다.

향신료는 세계사적으로 보았을 때 상상 이상의 중요성을 가지고 있었다. C. 콜럼버스의 아메리카대륙 발견, 바스쿠 다가마가 아프리카 남단의 희망봉을 돌아 인도까지의 항로를 개척한 일, 마젤란이 세계일주 등을 한 목적 중 하나는 향신료를 구하기 위한 것이었다. 그리고 이것을 계기로 유럽인들의 세계 식민지화가 시작된 것이다. 유럽에 향신료의 원산지가 알려진 계기는 13세기 실크로드를 통해 중국에 들어간 마르코 폴로가 쓴『동방견문록』이 15세기에 독일어로 번역되면서부터이다.『동방견문록』의 번역이 늦어진 것도 베니스 상인들이 향신료 무역 독점권을 보다 오래 유지하기 위해 다른 나라 서책의 출간을 늦추었기 때문이다.

향신료 무역을 이슬람으로부터 탈취하려 한 것이 15세기 말~16세기 초에 걸친 에스파냐와 포르투갈의 원양항로 개발이고, 그 선구적 역할을 한 것이 마르코 폴로의『동방견문록』이었다. 이 책에는 상당히 불확실한 부분도 있으나, 그는 베네치아의 상인답게 향신료 산지에 대한 기록은 정확하였다. 에스파냐와 포르투갈의 향신료 획득전쟁은 결국 동방으로 향한 포르투갈이 서방으로 향한 에스파냐를 이기고 그 무역권을 독점하게 하였다. 그 후 포르투갈도 몰락하고, 17세기 초부터는 네덜란드가 장악하게 되었다. 그러나 모두가 독점의 이윤을 많이 붙였기 때문에 유럽에서 향신료의 가격은 싸지지 않았다. 그러나 향신료의 매매는 1650년을 경계로 하여 차차 경쟁이 완만해졌다. 그것은 미국 신대륙에서 고추·바닐라·올스파이스 같은 새로운 향신료가 발견되고, 특히 고추는 후추에 비할 수 없이 맵고, 동시에 온대지방에서도 쉽게 재배되며, 올스파이스는 계피, 정향, 너트맥의 3가지 맛을 가졌기 때문이기도 하다. 게다가 엽차·커피·코코아 같은 기호품도 이때부터 먹기 시작했기 때문이다.

왜 비싼 향신료를 무리해서까지 구입했는지 그 이유를 살펴보면 다음과 같다. 첫째, 당시 유럽의 음식은 맛이 없었기 때문이다. 교통이 불편하고 냉장시설이 없던 시대였기 때문에 소금에 절인 저장육이 주식이었고, 그 외에는 북해에서 잡은 생선을 절여 건조시킨 것 정도였기 때문에 향신료라도 사용하여 맛을 돋우지 않으면 먹기 어려웠다.

둘째, 약품으로 사용되었다. 당시에는 서양의학도 아직 유치하여 모든 병이 악풍(惡風)에 의하여 발생한다고 믿었다. 악풍이란 악취, 즉 썩은 냄새로서, 이 냄새를 없애려면 향신료를 사용해야 한다고 믿었다. 일례를 들면 런던에 콜레라가 유행했을 때 환자가 발생한 집에 후추를 태워서 소독했다고 전해진다. 사실 향신료류에는 어느 정도 약효도 있고 소독효과도 있으므로 현재 한방약으로 사용되는 것도 있다. 그러나 그 당시에 몹시 과대평가되었던 것만은 사실이다. 그 외에 악마 또는 귀신을 쫓는 약으로도 많이 사용되었다.

셋째, 향신료가 미약(媚藥)으로도 사용되었다. 향신료의 성분과 호르몬과의 상관관계는 아직 분명치 않으나 약효가 있다고 믿으면 큰 효력을 발휘할 때도 있었기 때문이다.

3) 향신료의 분류(Classification of Spice)

향신료는 사용부위와 향미특성에 따라 분류할 수 있는데, 본서에서는 사용부위에 따라 분류해 보았다.

〈향신료의 분류〉

향신료 Herb & Spice					
잎 Leaves / Herb	씨앗 Seed	열매 Fruits / Spice	꽃 Flower / Spice	줄기 & 껍질 Stalk & Skin	뿌리 Root / Spice
바질 Basil	너트맥 Nutmeg	검은 후추 Black Pepper	사프란 Saffraan	레몬 그라스 Lemon Grass	터메릭 Turmeric
세이지 Sage	캐러웨이 씨 Caraway Seed	파프리카 Paprika	정향 Clove	차이브 Chive	와사비 Wasabi
처빌 Chervil	쿠민 Cumin	커더멈 Cardamom	케이퍼 Caper	계피 Cinnamon	생강 Ginger
타임 Thyme	코리앤더 씨 Coriander Seed	주니퍼 베리 Juniper Berry			마늘 Garlic
코리앤더 (실란트로) Coriander (Silantro)	머스터드 씨 Mustard Seed	카엔페퍼 Cayenne Pepper			호스래디시 Horseradish
민트 Mint	셀러리 씨 Celery Seed	올스파이스 All Spice	스타 아니스 Star Anise	바닐라 Vanilla	
오레가노 Oregano	딜 씨 Dill Seed				
마조람 Marjoram	펜넬 씨 Fennel Seed	아니스 씨 Anise Seed	흰 후추 White Pepper	양귀비 씨 Poppy Seed	메이스 Mace
파슬리 Parsley					딜 Dill
스테비아 Stevia	타라곤 Tarragon	레몬 밤 Lemon Balm	로즈메리 Rosemary	라벤더 Lavender	월계수 잎 Bay Leaf

4) 향신료의 종류(Kind of Spice)

(1) 잎 향신료(Leaves Herb)

바질
Basil

산지 및 특성 원산지는 동아시아이고 민트과에 속하는 1년생 식물로 이탈리아와 프랑스 요리에 많이 사용된다. 약효로는 두통, 신경과민, 구내염, 강장효과, 건위, 진정, 살균, 불면증과 젖을 잘 나오게 하는 효능이 있고, 졸음을 방지하여 늦게까지 공부하는 수험생에게 좋다.

용도 바질오일, 토마토요리나 생선요리에 많이 사용한다.

세이지
Sage

산지 및 특성 원산지 및 분포지는 남부 유럽과 미국 등지이다. 세이지는 예로부터 만병통치약으로 널리 알려진 역사가 오래된 약용식물이다. 꿀풀과의 여러해살이풀로 풍미가 강하고 약간 쌉쌀한 맛이 난다. 세이지는 '건강하다' 또는 '치료하다'라는 뜻에서 유래한 말이다.

용도 육류, 가금류, 내장요리, 소스 등에 사용한다.

처빌
Chervil

산지 및 특성 미나리과의 한해살이풀로, 유럽과 서아시아가 원산지인 허브의 하나이며, '미식가의 파슬리'라고 불린다. 재배역사가 아주 오래된 허브 중 하나로 중세에는 '처녀(fille)'라는 애칭으로 불리기도 했다. 파종 후 약 한 달 반 정도만 지나면 수확할 수 있어서 유럽에서는 오래전부터 '희망의 허브'라 하여 사순절에 제일 먼저 먹는 풍습이 있다.

용도 샐러드, 생선요리, 가니시, 수프, 소스 등에 사용한다.

타임
Thyme

산지 및 특성 타임은 '향기를 피운다'는 뜻이며, 쌍떡잎식물 꿀풀과의 여러해살이풀로 융단처럼 땅에 기듯이 퍼지는 포복형과 높이 30cm 정도로 자라 포기가 곧게 서는 형으로 나눌 수 있다. 강한 향기는 장기간 저장해도 손실되지 않으며, 향이 멀리까지 간다 하여 백리향이라고도 한다.

용도 육류, 가금류, 소스, 가니시 등 광범위하게 사용한다.

코리앤더 Coriander & **실란트로** Silantro	

산지 및 특성 미나리과의 한해살이풀로 지중해 연안 여러 나라에서 자생하고 있다. 고수풀, 차이니스 파슬리라고도 하고 코리앤더의 잎과 줄기만을 가리켜 실란트로(Silantro)라고 지칭하기도 한다. 잎과 씨앗이 향신채와 향신료로 두루 쓰인다. 중국, 베트남, 특히 태국 음식에 많이 사용한다.

용도 샐러드, 국수양념, 육류, 생선, 가금류, 소스, 가니시 등에 사용한다.

민트 Mint	

산지 및 특성 꿀풀과의 숙근초로 품종에 따라 향, 풍미, 잎의 색, 형태가 다양하다. 정유의 성질에 따라 페퍼민트, 스피어민트, 페니로열민트, 캣민트, 애플민트, 보울스민트, 오데콜론민트로 구분된다. 지중해 연안의 다년초이며, 전 유럽에서 재배된다.

용도 육류, 리큐어, 빵, 과자, 음료, 양고기요리에 많이 사용한다.

오레가노 Oregano	

산지 및 특성 별명이 '와일드마조람'인 오레가노는 그 이름처럼 병충해와 추위에 잘 견디며 야생화의 강인함이 돋보이는 허브로 꽃이 피는 시기에 수확하여 사용한다. 독특한 향과 맵고 쌉쌀한 맛이 토마토와 잘 어울리므로 토마토를 이용한 이탈리아 요리, 특히 피자에는 빼놓을 수 없는 향신료이다.

용도 소스, 파스타, 피자, 육류, 생선, 가금류, 오믈렛 등에 사용한다.

마조람 Marjoram	

산지 및 특성 지중해 연안이 원산지이다. 여러해살이풀이지만 추위에 약해 한국에서는 한해살이풀로 다룬다. 순하고 단맛을 가졌으며 오레가노와 비슷하다. 고기음식(특히, 양고기나 송아지고기요리)과 각종 채소음식에 사용된다. 향을 위해 요리가 거의 끝나갈 때 넣어야 한다.

용도 수프, 스튜, 소스, 닭, 칠면조, 양고기 등에 사용한다.

파슬리 Parsley	

산지 및 특성 미나리과의 두해살이풀로 세로줄이 있고 털이 없으며 가지가 갈라진다. 잎은 3장의 작은 잎이 나온 겹잎이고 짙은 녹색으로 윤기가 나며 갈래조각은 다시 깊게 갈라진다. 포기 전체에 아피올이 들어 있어 독특한 향기가 난다. 비타민 A와 C, 칼슘과 철분이 들어 있다.

용도 채소, 수프, 소스, 가니시, 육류와 생선요리 등에 사용한다.

산지 및 특성 국화과의 여러해살이풀로 습한 산간지에서 잘 자란다. 잎에는 무게의 6~7% 정도의 감미물질인 스테비오시드가 들어 있다. 감미성분은 설탕의 300배로 파라과이에서는 옛날부터 스테비아잎을 감미료로 이용해 왔다. 최근 사카린의 유해성이 문제되자, 다시 주목을 끌게 되었다.

용도 차, 음료, 감미료 등을 만들 때 사용한다.

산지 및 특성 시베리아가 원산지로 쑥의 일종이다. 중앙아시아에서 시베리아에 걸쳐 분포한다. 말리면 향이 줄기 때문에 신선한 상태로 사용하지만 보관을 위해 잎을 그늘에서 말려 단단히 닫아두었다가 필요한 때 쓴다. 초에 넣어서 tarragon vinegar라고 하여 달팽이요리에 사용한다.

용도 소스나 샐러드, 수프, 생선요리, 비니거, 버터, 오일, 피클 등을 만들 때 사용한다.

산지 및 특성 지중해 연안이 원산지로 지중해와 서아시아·흑해 연안·중부 유럽 등지에서 자생한다. 줄기는 곧추서고 가지는 사방으로 무성하게 퍼진다. 레몬과 유사한 향이 있으며, 향이 달고 진하여 벌이 몰려든다 하여 '비밤'이란 애칭이 있다.

용도 샐러드, 수프, 소스, 오믈렛, 생선요리, 육류요리 등에 사용한다.

산지 및 특성 지중해 연안이 원산지로 솔잎을 닮은 은녹색잎을 가진 큰 잡목의 잎이며 보라색 꽃을 피운다. 강한 향기와 살균력을 가지고 있다. 로즈메리는 다년생으로 4~5월에 엷은 자줏빛 꽃이 피며, 이 꽃에서 얻은 벌꿀은 프랑스의 특산품으로 최고의 꿀로 인정받고 있다.

용도 스튜, 수프, 소시지, 비스킷, 잼, 육류, 가금류 등에 사용한다.

산지 및 특성 지중해 연안이 원산지이다. 높이는 30~60cm 전체에 흰색 털이 있으며, 꽃·잎·줄기를 덮고 있는 털들 사이에 향기가 나오는 기름샘이 있다. 꽃과 식물체에서 향유(香油)를 채취하기 위하여 재배하고 관상용으로도 심는다. 이 향기는 마음을 진정시켜 편안하게 하는 효과가 있다.

용도 향료식초, 간질병, 현기증 환자약, 목욕제 등에 사용한다.

월계수 잎
Bay Leaf

산지 및 특성 지중해 연안과 남부 유럽 특히 이탈리아에서 많이 생산되며, 프랑스 · 유고연방 · 그리스 · 터키 · 멕시코를 중심으로 자생한다. 월계수 잎은 생잎을 그대로 건조하여 향신료로 사용한다. 생잎은 약간 쓴맛이 있지만, 건조하면 단맛과 함께 향긋한 향이 나기 때문이다. 고대 그리스인이나 로마인들 사이에서 영광, 축전, 승리의 상징이었다.

용도 육류 절임, 스톡, 수프, 소스, 육류, 가금류, 생선 등 요리에 많이 사용한다.

딜
Dill

산지 및 특성 딜은 지중해 연안이나 서아시아, 인도, 이란 등지에서 자생하는 미나리과의 일년초로 1m 이상 자란다. 딜은 신약성서에 나올 정도로 오랜 역사를 가진 허브이다. 딜의 정유는 비누향료로, 잎, 줄기는 잘게 썰어서 생선요리에 쓴다. 딜에는 어린이 소화, 위장 장애, 장가스 해소, 변비 해소에 좋다.

용도 생선 절임, 드레싱, 생선요리에 많이 사용한다.

(2) 씨앗 향신료(Seeds Spice)

너트맥
Nutmeg

산지 및 특성 육두과의 열대 상록수로부터 얻을 수 있는 것으로 열매의 배아를 말린 것이 너트맥(Nutmeg)이고, 씨를 둘러싼 빨간 반종피를 건조하여 말린 것이 메이스이다. 단맛과 약간의 쓴맛이 나며, 인도네시아 및 모로코가 원산지로 17세기까지만 해도 유럽에서는 값이 매우 비싼 사치품이었다.

용도 도넛, 푸딩, 소스, 육류, 달걀 흰자 들어간 칵테일에 사용한다.

캐러웨이 씨
Caraway Seed

산지 및 특성 회향풀의 일종인 캐러웨이의 씨로서 전 유럽에서 자라는 2년생 풀이다. 씨뿐만 아니라 뿌리도 삶아먹으며, 향기 있는 기름이 함유되어 있다. 고대 이집트에서는 향미식물로 사용했고 소화를 촉진하므로 로마시대에는 이 효과를 믿어서 식후에 캐러웨이를 씹는 습관이 생겼다.

용도 케이크, 빵, Sauerkraut, 치즈, 수프, 스튜에 사용한다.

쿠민 씨 **Cumin** **Seed**		**산지 및 특성** 원산지가 이집트인 한해살이풀로 향신료로 이용되는 것은 씨이다. 씨는 모양이나 크기가 캐러웨이와 비슷한데, 쿠민 쪽이 더 길고 가늘며, 진한 향이 난다. 맵고 톡 쏘는 쓴맛이 난다. 소화를 촉진하며, 장내에 가스 차는 것을 막아준다. **용도** 카레가루 · 칠리파우더, 수프나 스튜, 피클, 빵 등에 사용한다.

산지 및 특성 딱딱한 줄기를 가진 식물로 건조된 열매는 조그마한 후추콩 크기와 같고 외부에 주름이 잡혀 있으며, 적갈색을 띠고 있다. 달콤한 레몬과 같은 방향성 향과 감귤류와 비슷한 옅은 단맛이 있다. 통째로 혹은 가루로 만들어 사용하는데, 소화를 돕는 것으로 알려져 있다.

용도 생선, 육류, 수프, 빵, 케이크, 커리, 절임에 사용한다.

코리앤더 씨
Coriander
Seed

산지 및 특성 겨자의 꽃이 핀 후에 열리는 씨를 말려서 통으로 또는 가루를 만들어 사용한다. 프랑스 겨자는 겨잣가루와 다른 향신료, 소금, 식초, 기름 등을 섞어서 만들었기 때문에 영국 겨자에 비해 덜 맵고 순하다. 분말상태의 겨자를 막 짜낸 포도즙에 개어서 쓰기도 한다.

용도 피클, 육류요리, 소스, 샐러드드레싱, 햄, 소시지 등에 사용한다.

머스터드 씨
Mustard
Seed

산지 및 특성 유럽이나 미국인들이 주로 먹는 채소인 셀러리의 씨. 황갈색의 좁쌀만 한 씨로 향신료로 사용된다. 셀러리와 같은 향기가 나며, 약간 쓴맛이 난다. 전형적인 풋내와 쓴맛이 특징이다. 소염, 이뇨, 진정, 최음, 항류머티즘, 혈압강하, 관절염, 특히 노후된 뼈에 좋다.

용도 수프, 스튜, 치즈요리, 피클 등에 사용한다.

셀러리 씨
Celery
Seed

산지 및 특성 지중해 연안 남러시아가 원산으로 꽃은 노란 우산을 편 것 같은 산형화서이며, 실과 같이 가는 녹색의 잎을 가진 1년생 식물이다. 딜 씨는 소화, 구풍, 진정, 최면에 효과가 뛰어나며, 구취제거 · 동맥경화의 예방에 좋고 당뇨병환자나 고혈압인 사람에게 저염식의 풍미를 내는 데 쓰이기도 한다.

용도 케이크, 빵, 과자, 오이샐러드, 요구르트 등에 사용한다.

딜 씨
Dill Seed

펜넬 씨 Fennel Seed		**산지 및 특성** 펜넬은 지중해 연안이 원산지이며, 중국명으로 회향을 말한다. 잎은 새 깃털처럼 가늘고 섬세하며, 긴 잎자루 밑쪽이 줄기를 안듯이 둘러싸고 있다. 씨는 달콤하고 상큼한 맛이다. 생선의 비린내, 육류의 느끼함과 누린내를 없애고 맛을 돋운다. **용도** 펜넬오일은 소스, 빵, 카레, 피클, 생선, 육류요리에 사용한다.
아니스 씨 Anise Seed		**산지 및 특성** 아니스의 종자를 아니시드(aniseed)라고 하는데, 독특한 향과 단맛을 내는 아네톨이 들어 있다. 이집트가 원산지이며, 유럽 · 터키 · 인도 · 멕시코를 비롯한 남아메리카 여러 곳에서 재배한다. **용도** 알코올, 음료, 쿠키, 캔디, 피클, 케이크 만들 때 사용한다.
흰 후추 White Pepper		**산지 및 특성** 보르네오, 자바, 수마트라가 원산지이며, 실크로드를 통해 중국으로 들어왔다. 성숙한 열매의 껍질을 벗겨서 건조시킨 것은 백색이기 때문에 흰 후추라 한다. 적당히 먹으면 식욕을 돋우고 소화를 촉진시킨다. 가루 또는 으깨서 사용한다. **용도** 육류, 생선, 가금류 등 향신료 중 가장 광범위하게 사용한다.
양귀비 씨 Poppy Seed		**산지 및 특성** 식물학자 린네에 의하면 파란 솔방울 만한 양귀비 열매 속에서는 3만 2천여 개의 씨앗이 들어 있다고 한다. 20세기 3대 약품의 발견이라고 하는 '모르핀'을 함유한 양귀비의 씨에는 아편성분이 거의 없어 식재료로 활용된다. **용도** 생선요리, 소스, 수프, 샐러드드레싱, 과자, 빵에 사용한다.
메이스 Mace		**산지 및 특성** 육두구나무는 인도네시아와 서인도제도에서 자생하며, 살구처럼 생긴 열매가 열린다. 이 열매의 씨와 씨껍질 부분을 향신료로 이용한다. 씨를 둘러싼 그물 모양의 빨간 씨 껍질 부분을 말린 것이 메이스이다. 씨 껍질은 건조 정도에 따라 빨간색, 노란색, 갈색으로 점차 변한다. **용도** 육류, 생선, 햄, 치즈, 과자, 푸딩, 화장품 등에 사용한다.

(3) 열매 향신료(Fruit Spice)

검은 후추
Black Pepper

산지 및 특성 동남아시아, 주로 말라바르해협, 보르네오, 자바, 수마트라가 원산지이고, 피페를 니그름이라는 넝쿨에서 완전히 익기 전에 열매를 수확하여 햇볕에 말린 것이다. 완전히 익으면 붉은색으로 변하는데, 이것으로 핑크페퍼콘을 만든다. 일반적으로 검은 후추가 더 맵고 톡 쏘는 맛이 강하다.

용도 식육가공, 생선, 육류 등에 폭넓게 쓰이는 향신료이다.

파프리카
Paprika

산지 및 특성 파프리카는 맵지 않은 붉은 고추의 일종으로 열매를 향신료로 이용한다. 열매를 건조시켜 매운맛이 나는 씨를 제거한 후 분말로 만들어 사용한다. 카옌후추보다 덜 맵고 맛이 좋으며, 생산지에 따라 모양과 색깔이 다른데, 헝가리산은 검붉은색이고 스페인산은 맑은 붉은색이다.

용도 육류, 생선, 달걀, 소스, 수프, 샐러드 등에 사용한다.

카더멈
Cardamom

산지 및 특성 생강과(科)에 속하는 식물의 종자에서 채취한 향신료. 인도 등과 같은 열대지방에서 많이 산출된다. 요리·과자 등의 부향료(賦香料)로 사용되는 외에 혼합향신료의 원료로서도 중요하다. 흰색과 녹색 두 가지가 있는데, 부수거나 갈아서 넣으면 더 강한 향을 느낄 수 있다.

용도 인도 짜이(밀크티)는 물론, 인도와 아랍요리에 많이 사용한다.

주니퍼 베리
Juniper Berry

산지 및 특성 유럽 원산의 상록관목인 주니퍼나무의 열매로 암수딴그루이며, 가을에 결실된다. 열매는 처음에는 녹색이지만 완전히 익으면 검어진다. 열매를 건조하여 보관한다. 쌉싸름하면서도 단내가 느껴지는데, 마치 송진에서 나는 향과도 비슷하다. 맛은 달지만 약간 얼얼한 느낌이 있다.

용도 육류, 가금류의 절임, 알코올, 음료 등에 사용한다.

카옌페퍼
Cayenne
Pepper

산지 및 특성 생칠리를 잘 말려서 가루를 내어 만든다. 칠리는 북아메리카에서 널리 자생하는 허브의 일종이다. 옛날 텍사스 대초원에서 소를 방목하던 목동의 요리사들이 씨를 여기저기 뿌렸다가 맛없는 고기로 식사준비를 할 때 고기의 맛을 감추기 위해 요리에 넣었다고 한다. 매운맛이 매우 강하다.

용도 육류, 생선, 가금류, 소스 등에 사용한다.

올스파이스
All Spice

산지 및 특성 올스파이스나무의 열매가 성숙하기 전에 건조시킨 향신료로 약간 매운맛이 난다. 건조한 열매에서 후추 · 시나몬 · 너트맥 · 정향을 섞어놓은 것 같은 향이 나기 때문에, 영국인 식물학자 존 레이(John Ray)가 올스파이스라는 이름을 붙였다. 원산지는 서인도제도이고 주산지는 멕시코, 자메이카, 아이티, 쿠바, 과테말라 등이다.

용도 육류요리, 소시지, 소스, 수프, 피클, 청어 절임, 푸딩 등에 사용한다.

스타아니스
Star Anise

산지 및 특성 과실은 적갈색으로 별 모양이고 중앙에 갈색의 편원형 종자가 1개씩 박혀 있다. 원산지는 중국이고 생산지는 중국, 베트남 북부, 인도 남부, 인도차이나 등지이다. 아네톨(Anetol)에 의해 달콤한 향미가 강하나 약간의 쓴맛과 떫은맛도 느껴진다. 중국 오향의 주원료이다.

용도 돼지고기, 오리고기, 소스 등에 사용한다.

바닐라
Vanilla

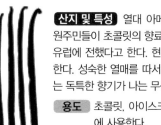

산지 및 특성 열대 아메리카가 원산지이며, 아메리카의 원주민들이 초콜릿의 향료로 사용하는 것을 본 콜럼버스가 유럽에 전했다고 한다. 현재는 향료를 채취하기 위해 재배한다. 성숙한 열매를 따서 발효시키면 바닐린(vanillin)이라는 독특한 향기가 나는 무색결정체를 얻을 수 있다.

용도 초콜릿, 아이스크림, 캔디, 푸딩, 케이크 및 음료에 사용한다.

(4) 꽃 향신료(Flower Spice)

산지 및 특성 창포, 붓꽃과의 일종으로 암술을 말려서 사용. 강한 노란색, 독특한 향과 쓴맛, 단맛을 낸다. 1g을 얻기 위해 500개의 암술을 말려야 하며, 대개 160개의 구근에서 핀 꽃을 따야 하고 수작업이므로 세계에서 가장 비싼 향신료라 할 만큼 비싸다. 물에 잘 용해되며, 노란색 색소로 이용한다.

용도 소스, 수프, 쌀요리, 감자요리, 빵, 패스트리에 이용한다.

사프란
Saffron

산지 및 특성 정향은 정향나무의 '꽃봉오리'를 말한다. 꽃이 피기 전에 꽃봉오리를 수집하여 말린 것을 정향 또는 정자(丁字)라고 한다. 꽃봉오리가 못처럼 생기고 향기가 있으므로 정향이라 하며, 영어의 클로브(clove)도 프랑스어의 클루(clou: 못)에서 유래되었다. 몰루카섬이 원산지이다.

용도 돼지고기요리와 과자류, 푸딩, 수프, 스튜에 이용한다.

정향
Clove

산지 및 특성 케이퍼는 지중해 연안에 널리 자생하는 식물로, 향신료로 이용하는 것은 꽃봉오리 부분이다. 꽃봉오리는 각진 달걀 모양으로 색깔은 올리브 그린색을 띠고 있다. 크기는 후추만 한 것에서부터 강낭콩만 한 것까지 다양하다. 향신료로는 주로 식초에 절인 것이 시판되고 있다. 시큼한 향과 약간 매운맛을 지닌다.

용도 샐러드드레싱, 소스, 파스타, 육류, 훈제연어, 참치요리 등에 사용한다.

케이퍼
Caper

(5) 줄기 & 껍질 향신료(Stalk & Skin Spice)

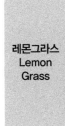 

산지 및 특성 외떡잎식물 벼목 화본과의 여러해살이풀. 향료를 채취하기 위하여 열대지방에서 재배한다. 원산지가 뚜렷하지 않고 인도와 말레이시아에서 많이 재배한다. 레몬 향기가 나기 때문에 레몬그라스라고 한다. 잎과 뿌리를 증류하여 얻은 레몬그라스유(油)에는 시트랄이 들어 있다.

용도 수프, 생선, 가금류요리와 레몬향의 차와 캔디류 등에 사용한다.

레몬그라스
Lemon Grass

차이브
Chive

산지 및 특성 백합목 백합과의 여러해살이풀. 시베리아, 유럽, 일본 홋카이도 등이 원산지인 허브의 한 종류이다. 차이브는 파의 일종으로 높이 20∼30cm로 매우 작으며, 철분이 풍부하여 빈혈예방에 효과가 있고, 소화를 돕고 피를 맑게 하는 정혈작용도 한다.

용도 고기요리, 생선요리, 소스, 수프 등 각종 요리에 사용한다.

계피
Cinnamon

산지 및 특성 계수나무의 얇은 나무껍질. 줄기 및 가지의 나무껍질을 벗기고 코르크층을 제거하여 말린 것이다. 두꺼운 것을 한국에서는 육계(肉桂)라고 한다. 반관(半管) 모양 또는 관 모양으로 말린 어두운 갈색 또는 회갈색이다. 중추신경계의 흥분을 진정시켜 주며 감기나 두통에 효과가 있다.

용도 스튜나 찜, 음료나 아이스크림, 디저트, 향수 · 향료의 원료로 사용한다.

(6) 뿌리 향신료(Root Spice)

터메릭
Turmeric

산지 및 특성 강황은 열대 아시아가 원산지인 여러해살이 식물로 뿌리 부분을 건조시켜 빻아 만든 가루를 향신료 및 착색제로 사용한다. 생강과 비슷하게 생겼으며, 장뇌와 같은 향기와 쓴맛이 나고 노란색으로 착색된다. 동양의 사프란으로 알려져 있으며, 향과 색을 내는 데 이용된다.

용도 커리, 쌀요리에 사용한다.

와사비
Wasabi

산지 및 특성 겨자과의 풀로 산골짜기의 깨끗한 물이 흐르는 곳에서 자란다. 굵은 원기둥 모양의 8∼10cm 길이로 땅속 줄기에서 나온 잎은 심장 모양이다. 순간적으로 톡 쏘는 매운맛을 내며, 대표적인 일본 향신료 중 하나이다.

용도 생선회, 소스, 가공식품 등에 사용하며 일본 요리에 많이 이용한다.

생강
Ginger

산지 및 특성 생강과의 다년초이며 동남아시아가 원산지이고 채소로 재배한다. 뿌리줄기는 옆으로 자라고 덩어리 모양이고 황색이며, 매운맛과 향긋한 냄새가 있다. 한방에서는 뿌리줄기 말린 것을 건강(乾薑)이라는 약재로도 사용한다.

용도 빵, 과자, 카레, 소스, 피클 등에 사용한다.

마늘
Garlic

산지 및 특성 백합과의 다년초이며 아시아 서부가 원산지로 각지에서 재배한다. 비늘줄기는 연한 갈색의 껍질 같은 잎으로 싸여 있으며, 안쪽에 5~6개의 작은 비늘줄기가 들어 있다. 비늘줄기, 잎, 꽃자루에서는 특이하고 강한 냄새가 난다. 한국요리에 빠질 수 없는 중요한 향신료이다.

용도 돼지고기, 양고기, 생선류, 소스, 빵, 쿠키류 등에 사용한다.

호스래디시
Horseradish

산지 및 특성 서양의 고추냉이(와사비무)라고도 하며 원산지는 유럽 동남부이다. 호스래디시는 열을 가하면 향미가 사라지기 때문에 생채로 갈아서 쓰거나 건조시켜 사용한다.

용도 로스트비프, 훈제연어, 생선요리 소스 등에 사용한다.

(7) 마른 향신료(Dry Spice/Herb)

마른 향신료는 가루 또는 통째로 사용하는데, 통으로 된 향신료는 조리를 시작할 때 첨가하고 가루로 된 향신료는 조리가 마무리될 때 첨가한다.

〈향신료의 종류〉

Grind Sage | Grind Cinnamon | Grind Turmeric | Curry Powder | Grind Cayenne | Grind White Pepper | Grind Nutmeg

Chili Powder | Black Pepper | Pickling Spice | Chili Pepper | Clove | Saffron | Whole White Pepper

Rosemary | Oregano | Bay Leaf | Tarragon | Thyme | Basil | Parsley | Marjoram

7. 오일&지방(Oil&Fat)

1) 유지의 개요(Summary of Fat and Oil)

식용유지 중 실온에서 고체상태인 것은 지방(fat), 액체상태인 것은 오일(oil)이라 부른다. 일반적으로 식물성 유지는 오일(oil), 동물성 유지는 지방이다. 그렇지만 고체상태의 모든 지방도 온도를 높이면 액체로 되고 액체상태의 오일도 온도를 낮추면 고체로 변한다.

어떤 유지이건 간에 화학적으로는 고급지방산의 트리글리세라이드(triglyceride)이다.

유지를 형성하고 있는 지방산 중 포화지방산의 함량이 높으면 실온에서 고체이고, 불포화지방산의 함량이 높은 것은 실온에서 액체이다.

2) 가공유지류(Processing of Fat and Oil)

(1) 버터(Butter)

우유 중의 유지방을 분리, 압착시켜 유중수적형의 유화상태로 만든 유제품

- 종류 : 발효버터(sour butter), 생버터(sweet butter)-가염버터(식탁용), 무염버터(제과용)

(2) 마가린(Margarine)

약 80%의 유지와 20%의 유제품을 혼합, 유화시켜서 만든 버터 대용품

- 소프트 마가린(soft margarine) : 매우 부드럽고 불안정하므로 냉장 보관해야 하며 필수지방산을 많이 섭취할 수 있고 전연성(展延性)이 좋다.

(3) 라드(Lard)

돼지의 지방조직으로부터 용출법에 의해 지방분을 분리해 낸 것

쇼트닝 파워가 가장 크고 음식을 부드럽게 하므로 제과용으로 많이 이용

(4) 쇼트닝(Shortening)

라드 대용품으로 개발한 것으로 잘 부패되지 않을 뿐 아니라 밀가루 반죽 시 사용하면 라드보다 크리밍(creaming)과 유화가 더 잘되고 맛도 잘 어울린다.

(5) 땅콩버터(Peanut Butter)

볶아서 블랜칭(blanching)한 땅콩에 소금을 첨가하고 갈아서 만든 것

3) 지방과 오일의 변화(Changing of Fat and Oil)

(1) 발연점

기름이 일정 온도 이상 올라가면 지방이 분해되어 표면에서 연푸른 연기가 나는데, 이때의 온도를 발연점이라고 한다. 발연점 이상으로 가열하면 자극성 냄새를 가진 아크롤레인(acrolein)이 형성된다.

포화지방산과 불포화지방산의 발연점이 다른 이유는 기름의 녹는점이 지방산을 구성하는 탄소의 수와 탄소-탄소의 이중결합의 수에 달려 있기 때문이다. 즉 탄소수가 많을수록, 탄소-탄소 이중결합의 수가 적을수록 기름의 녹는점은 높아진다. 불포화지방산이 풍부한 triglyceride는 상온에서 기름으로 존재할 확률이 높은데 이들을 oil이라고 한다. 반면에 포화지방산이 많은 triglyceride는 상온에서 반고체 또는 고체로 존재하는데 이들을 fat이라고 한다.

포화지방산의 탄화수소사슬은 선형으로 뻗어 있으므로 탄화수소사슬 사이에 강한 반데르발스 인력이 작용하지만 불포화지방산의 경우에는 시스 이중결합에 의하여 탄화수소사슬이 한 방향으로 뻗어 있지 않고 꺾여 있어서 탄화수소사슬 사이에 반데르발스 인력이 약해지므로 녹는점이 낮아진다.

참고로 포화지방산은 식물성 기름이나 어류의 지방성분이며 불포화지방산은 일반적으로 동물성 기름이라 할 수 있다.

〈정제한 오일과 지방의 발연점 및 조리방법〉

Type of Oil or Fat-Refined	Smoke Point	Cooking Methods
아보카도유(Avocado Oil)	520 °F	Saute, Pan-fry, Sear, Deep-fry, Grill, Broil
잇꽃유(Safflower Oil)	510 °F	Saute, Pan-fry, Sear, Deep-fry, Grill, Broil, Baking
아몬드유(Almond Oil)	495 °F	Saute, Pan-fry, Sear, Deep-fry, Grill, Broil, Baking
콩기름(Soybean Oil)	450 °F	Saute, Pan-fry, Sear, Deep-fry, Grill, Broil, Baking
옥수수유(Corn Oil)	450 °F	Saute, Pan-fry, Sear, Deep-fry, Grill, Broil, Baking
해바라기유(Sunflower Oil)	450 °F	Saute, Pan-fry, Sear, Stir-fry, Grill, Broil, Baking
땅콩유(Peanut Oil)	450 °F	Saute, Pan-fry, Sear, Deep-fry, Grill, Broil, Baking
면실유(Cotton Seed Oil)	420 °F	Saute, Pan-fry, Sear, Deep-fry, Grill, Broil
마카다미아유(Macadamia Nut Oil)	410 °F	Saute, Pan-fry, Sear, Stir-fry, Grill, Broil, Baking
참기름(Sesame Seed Oil(Light))	410 °F	Saute, Pan-fry, Sear, Deep-fry, Grill, Broil, Baking
올리브유(Olive Oil)	410 °F	Saute, Pan-fry, Sear, Deep-fry, Grill, Broil, Baking
포도씨유(Grape Seed Oil)	400 °F	Saute, Pan-fry, Sear, Deep-fry, Grill, Broil, Baking
카놀라유(Canola Oil)	400 °F	Saute, Pan-fry, Sear, Deep-fry, Grill, Broil, Baking
호두유(Walnut Oil)	400 °F	Saute, Pan-fry, Sear, Stir-fry, Grill, Broil
돼지기름(Lard)	375 °F	Saute, Pan-fry, Baking
채소 쇼트닝(Vegetable Shortening)	325 °F	Saute, Pan-fry, Sear, Baking
버터(Butter)	300 °F	Saute, Pan-fry, Sear, Grill, Broil, Baking

〈정제하지 않은 지방과 오일의 발연점〉

Type of Oil or Fat-Unrefined	Smoke Point	Cooking Methods
참기름(Sesame Seed Oil)	350 °F	Saute, Pan-fry, Sear, Stir-fry, Grill, Broil, Baking
올리브유(Olive Oil)	320 °F	Saute, Pan-fry, Sear, Stir-fry, Grill, Broil, Baking
땅콩기름(Peanut Oil)	320 °F	Light Saute, Low-heat grilling, Low-heat baking
콩기름(Soybean Oil)	320 °F	Light Saute, Low-heat grilling, Low-heat baking
옥수수유(Corn Oil)	320 °F	Light Saute, Low-heat grilling, Low-heat baking
호두유(Walnut Oil)	320 °F	Light Saute, Low-heat grilling, Low-heat baking
해바라기유(Sunflower Oil)	225 °F	Blend it with oils with higher smoke points for low heat cooking
카놀라유(Canola Oil)	225 °F	Blend it with oils with higher smoke points for low heat cooking
잇꽃유(Safflower Oil)	225 °F	Blend it with oils with higher smoke points for low heat cooking

(2) 오일과 지방의 변질

유지류를 공기 중에 방치하면 산화되어 변화를 일으키는데, 이를 산패라 한다. 따라서 유지류는 뚜껑을 덮어 냉암소에 보관하는 것이 좋다.

(3) 유화작용

마요네즈와 같이 기름이 작은 방울형태로 물과 함께 섞여 있는 액체를 유화액(크림, 크림수프 등)이라 하고, 유화액 형성에 도움을 주는 물질을 유화제라 한다. 달걀노른자(레시틴)는 좋은 유화제이다.

(4) 연화작용

밀가루 반죽에 기름을 넣으면 음식이 부드러워지는 현상을 연화작용이라 한다.

4) 오일과 지방의 종류(Kind of Oil and Fat)

(1) 오일(Oil)

엑스트라 버진 올리브 오일 Extra Virgin Olive Oil

산지 및 특성 프리미엄 엑스트라 버진은 산도의 조건, 질, 향, 그리고 맛에서 최고인 올리브 오일이다. 프리미엄 엑스트라 버진 올리브 오일은 샐러드 또는 향을 가장 중요시할 때 조미료처럼 사용한다.

용도 요리용, 맛내는 성분, 조미료, 샐러드드레싱, 마리네이드, 스킨케어

아몬드 오일 Almond Oil

산지 및 특성 아몬드 오일은 값이 매우 비싸 수량이 한정되어 있고, 발연점이 높으며, 비타민 A와 E의 좋은 급원으로 종종 요리의 부가물이나 바디 오일로 사용된다.

용도 샐러드드레싱, 소스를 위한 성분, 디저트, 영양 보충물, 바디오일

아프리코트 케넬 오일 (살구씨) Apricot Kernel Oil		**산지 및 특성** 살구의 씨앗을 볶은 후 압축하여 얻을 수 있고, 트랜스지방이 없어 건강에 좋은 오일이다. 소테와 같이 높은 열 요리에 적합하고 마일드한 향이 샐러드드레싱에 잘 어울린다. **용도** 요리, 샐러드드레싱, 바디오일

아르간 오일 Argan Oil	 	**산지 및 특성** Argan 오일은 모로코 남서부에서 자연 그대로의 argan 나무에서 자란 건과류에서 얻어지며, Argan은 옅은 불그스름한 색, 골든 옐로 색을 띠며, 향은 헤즐넛과 비슷하나 약간의 강한 맛이 있다. **용도** 요리, 샐러드드레싱, 조미료

아보카도 오일 Avocado Oil		**산지 및 특성** 아보카도 오일은 못 쓰게 되거나 미학적으로 좋지 않은 avocado로 생산된다. 정제된 avocado 오일은 발연점이 높아서 높은 열 요리에 이용되며, 영양상 유용한 불포화지방(monounsaturated fat)과 비타민 E를 많이 함유하고 있다. **용도** 높은 열 요리, 샐러드드레싱, 조미료

카놀라 오일 Canola Oil		**산지 및 특성** Canola는 오일을 판매하기 위해 붙여진 이름이며 평지씨에서 얻은 것이다. 밝은 노란색인 평지 작물은 유럽과 북미지역의 많은 곳에서 자생한다. Canola 오일은 일본, 중국, 인디아, 캐나다에서 인기가 있다. **용도** 튀김, 빵 굽기, 샐러드드레싱

칠리오일 Chili Oil		**산지 및 특성** Chili 오일은 매운맛을 얻기 위해 식물성 기름에 흠뻑 적셔진 매운 빨간 고추에서 얻는다. 실내온도에서 보관해도 chili 오일은 적어도 6개월간 부패하지 않으며, 중국 음식의 창작에 매우 인기가 있다. **용도** 맛을 내는 성분, 조미료

코코넛 오일 Coconut Oil 	 **산지 및 특성** Coconut 오일은 코코넛의 말린 속살에서 추출한 것으로 인디아와 동남아시아에서 매우 인기가 있다. 코코넛 오일은 실내에서 응고시키며 버터 같은 질감이 있다. **용도** 상업용 빵 상품, 캔디 그리고 당분이 많은 과자, 상업적으로 조제되는 whipped toppings, 우유를 함유하지 않은 커피크림, 쇼트닝 제품, 비누, 화장품, 로션, 선텐 오일
콘 오일 (옥수수) Corn Oil 	**산지 및 특성** 옥수수 오일은 옥수수 알갱이의 배아에서 제조된 것으로 매우 높은 다불포화지방(polyunsaturated fat)이 있다. 정제된 옥수수 오일은 발연점이 높아서 튀김을 하기에 가장 좋은 오일 중 하나이다. **용도** 튀김, 빵 굽기, 샐러드드레싱, 마가린과 쇼트닝 제품
코튼 시드 오일 (목화씨) Cotton Seed Oil 	**산지 및 특성** 목화씨를 쪄서 압축하여 얻은 것이다. 샐러드유나 비누, 경화유 등의 원료로 사용된다. **용도** 마가린과 쇼트닝 제품, 샐러드드레싱, 상업적인 튀김 제품
그레이프 시드 오일 (포도씨) Grape Seed Oil 	**산지 및 특성** 포도씨 오일은 와인 제조업의 부산물이다. 오일의 대부분은 포도씨로부터 추출하는 것으로 프랑스, 스위스, 이탈리아에서 제조되며 미국에서 약간씩 제조된다. 포도씨 오일의 대부분은 매우 약한 맛의 포도맛과 향을 가지고 있다. **용도** 요리, 샐러드드레싱, 마가린 제품, 화장품
헤즐넛 오일 Hazelnut Oil 	**산지 및 특성** 헤즐넛 오일은 구운 헤즐넛 맛을 내며 일반적으로 빵 굽는 제품과 몇몇 소스의 맛을 내는 데 사용된다. 헤즐넛 오일은 생선 위에 살짝 뿌리면 향과 맛이 향상되고 marinade할 때 사용하면 좋다. **용도** 샐러드드레싱, 빵 굽기, 맛을 내는 성분, 조미료

마카다미아 너트 오일 Macadamia Nut Oil		**산지 및 특성** Macadamia 나무의 견과류에서 얻은 오일이다. 오일은 인기 있는 견과류의 매우 풍부한 맛과 버터 향을 가지고 있으며, 발연점이 높아 sauteing과 frying을 하는 데 아주 좋다. **용도** 샐러드드레싱, 요리, 마리네이드, 맛을 내는 재료, 스킨케어
머스터드 오일(겨자씨) Mustard Oil		**산지 및 특성** Mustard 오일은 Mediterranean에서 찾은 다른 일반적인 씨와 다른 것으로 인디아에서 찾은 식물로부터 압축된 mustard 씨에서 얻은 것이다. 날것 형태인 오일은 풍미가 있지만 극도로 맵기 때문에 mustard oil과 함께 요리할 때에는 맛 조미료처럼 조금씩 사용해야 한다. **용도** 요리, 맛 조미료, 샐러드드레싱, 마리네이드
팜 오일 Palm Oil		**산지 및 특성** 야자수 오일은 매우 높은 포화지방을 함유한 몇 안 되는 식물유 중 하나로 아프리카 야자수의 과육에서 얻는 것이다. 정제된 야자수 오일은 매우 약한 색을 띠며 오일의 제조를 위해 다른 오일에 혼합된다. **용도** 요리, 맛을 내는 조미료, 식물성 오일 제조, 마가린 제조, 화장품
피넛 오일 (땅콩) Peanut Oil		**산지 및 특성** 피넛에서 추출되어 대부분이 깨끗하고 정제과정을 거치기 때문에 부드러운 맛을 낸다. 정제된 피넛 오일은 발연점이 높아서 sauteing과 frying에 사용한다. 이것은 요리하는 동안 음식에 흡수되거나 맛이 변하지 않는다. **용도** 요리, 샐러드드레싱, 마가린
파인 시드 오일 (잣) Pine Seed Oil		**산지 및 특성** 열매(잣)에서 얻은 오일로 마켓에서 가장 비싼 오일 중 하나이고 수량이 매우 한정되었다. 샐러드에 양념처럼 사용하면 아주 좋으며 요리된 채소를 신선해 보이게 하는 데 탁월하다. **용도** 샐러드드레싱, 조미료

**포피 시드
오일
(양귀비 씨)
Poppy
Seed Oil**

산지 및 특성 Poppy seed oil은 샐러드드레싱에 아주 좋은데 이는 부드럽고 신비한 맛을 지녔기 때문이다. 이것은 조미료로도 좋으며 특히 바삭한 빵을 적시는 데에도 좋다. 정제된 오일은 정제되지 않은 것보다 풍미가 아주 적다.

용도 샐러드드레싱, 조미료

**펌프킨 시드
오일(늙은호
박 씨)
Pumpkin
Seed Oil**

산지 및 특성 어둡고 불투명하고 농도가 짙은 호박씨 오일은 구운 호박씨에서 얻었다. 강한 맛을 가지고 있기에 부드러운 맛을 내는 오일과 섞어서 사용하면 아주 좋다. 이것은 요리와 샐러드드레싱에도 적합하며, 생선 또는 채소에 사용하면 독특한 풍미를 준다.

용도 맛을 내는 조미료, 샐러드드레싱

**라이스 브랜
오일(쌀겨)
Rice Bran
Oil**

산지 및 특성 Rice bran 오일은 쌀의 씨앗에서 제거된 쌀겨로 제조되었다. 이것은 요리할 때 쓰는 오일로 건강에 매우 좋은데 이유는 아주 좋은 비타민, 미네랄, 아미노산, 필수지방산과 산화방지제가 있기 때문이다.

용도 요리, 맛을 내는 조미료

**새플라워
오일
(잇꽃)
Safflower
Oil**

산지 및 특성 엉겅퀴과인 Safflower는 4피트의 높이까지 자라고 위쪽은 아름다운 노란색, 골드와 오렌지색의 꽃이다. Safflower의 씨는 모두 불포화지방으로 비타민 E가 포함되지 않았다. 정제된 safflower 오일은 발연점이 높아 sauteing, pan frying, deep frying에 사용한다.

용도 요리, 샐러드드레싱, 마가린 제조

**세사미 시드
오일(참깨)
Sesame
Seed Oil**

산지 및 특성 정제되지 않은 참깨씨 오일을 제공하기 위해서는 단지 한 가지 단계만 필요한데 이것은 씨를 으깰 때 여과된 오일 결과물이다. 이 오일은 담백하고 부드러운 맛이 있으며 한국 요리할 때 매우 인기 있다.

용도 담백한 오일은 요리 · 샐러드드레싱에, 거무스름한 오일은 조미료 · marinade로 사용

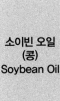

**소이빈 오일
(콩)
Soybean Oil**

산지 및 특성 콩 오일은 마가린, 식물성유 그리고 쇼트닝 제조 시에 가장 많이 사용되는 것 중 하나이다. 미국에서는 오일을 포함하는 요리 아이템을 제조할 때 가장 많이 이용한다.

용도 요리, 샐러드드레싱, 식물성유, 마가린과 쇼트닝의 제조

**선플라워
오일
(해바라기 씨)
Sunflower
Seed Oil**

산지 및 특성 해바라기 씨 오일이 스낵처럼 인기 있지만 이 오일은 씨에서 추출하여 사용한다. 해바라기 씨는 노란 꽃잎이 둘러싸고 있는 꽃 중앙의 갈색 중심에서 얻는다. 해바라기 씨는 무가염 또는 가염으로 판매된다.

용도 요리, 샐러드드레싱, 마가린과 쇼트닝 제조

**티 오일
Tea Oil**

산지 및 특성 Tea 나무에서 수확한 tea 씨에서 만든 오일이다. 이 씨는 오일을 제조하기 위해 완전히 압축된다. 맑고 투명한 그린색인 tea 오일은 약간의 단맛과 식물성 아로마를 가지고 있다. 종종 아시안 음식에 사용되고 레몬 또는 라임같이 다른 맛과 섞였을 때 샐러드드레싱과 함께 제공된다.

용도 요리, 샐러드드레싱, 소스, 향신료, 마리네이드

**트러플 오일
(송로버섯)
Truffle Oil**

산지 및 특성 엑스트라 버진 올리브 오일과 같이 최상의 오일에 트러플을 넣고 일정 시간 후 오일에 향이 배면 압착하여 만들며 맛과 향이 매우 강하다. 따라서 고기, 생선, 파스타, 리소토, 샐러드, 소스 등에 단지 몇 방울만 사용한다.

용도 맛을 내는 조미료

**베지터블
오일
Vegetable
Oil**

산지 및 특성 식물성 기름은 보통 콩, 옥수수, 해바라기 씨와 같은 다양한 오일이 비싸게 정제되어 혼합되어 있거나 오직 한 종류의 오일로 구성될 수 있다. 정제과정을 통해 발연점이 높아지고 깨끗한 골든 옐로색이 되며 맛은 순하고 아로마 향이 난다.

용도 요리, 빵 굽기

월넛(호두) **오일** Walnut Oil		**산지 및 특성** 말린 호두의 내용물로부터 완전히 압축된 호두 오일은 훌륭하고 특별한 호두맛을 가지고 있다. 이것은 일반적으로 빵 제품에 맛을 내고 소스에 사용되곤 한다. 샐러드드레싱에 강렬한 맛을 제공해 주며 신비한 맛을 만드는 데 마일드한 맛 오일로 첨가될 수도 있다. **용도** 샐러드드레싱, 맛 조미료, 향신료, 요리
윗 점 오일 **(밀 배아)** Wheat Germ Oil	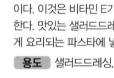	**산지 및 특성** Wheat germ oil은 밀의 배아에서 얻은 것이다. 이것은 비타민 E가 풍부하여 건강 첨가물로 사용되곤 한다. 맛있는 샐러드드레싱으로 만들어 쓰기도 하고 신선하게 요리되는 파스타에 넣어 요리하면 향과 맛이 좋아진다. **용도** 샐러드드레싱, 조미료, 영양 보충물

(2) 지방(Fat)

스위트 버터 Sweet Butter		**산지 및 특성** 간단히 버터라 언급되는 sweet butter는 크림이 반고체가 되기까지 휘저은 크림으로 제조된다. 이것은 두 가지의 메인 버터(다른 것은 lactic butter) 종류 중 하나이다. Sweet butter 종류는 적어도 80%의 우유 지방을 포함해야 한다. **용도** 요리, 빵 굽기, 조미료, 소스에 넣는 향신료, 맛을 내는 조미료
랙틱 버터 **(소젖의 버터)** Lactic Butter		**산지 및 특성** 버터의 두 가지 기본 종류 중 하나로 배양균에 저온살균 크림을 추가하여 제조한 것이 lactic butter(다른 메인 버터는 sweet cream butter)이다. Lactic butter는 많은 유럽국가에서 선호한다. **용도** 요리법, 빵 굽기, 조미료, 소스에 사용되는 향신료, 맛 조미료

클래리파이드 버터(정제)
Clarified Butter

산지 및 특성 버터를 약한 불에서 천천히 녹여 물을 증발시키고 유지방을 분리하여 걸러서 쓰는 것이 버터와 위쪽에 떠오른 우유다. Clarified butter는 버터향이 아주 좋으며 요리에 사용하면 훌륭한데 이는 다른 버터보다 발연점이 높기 때문이다.

용도 빵 굽는 요리의 조미료와 소스, 향신료, 육류나 가금류를 높은 온도로 saute할 때

브라운 버터
Brown Butter

산지 및 특성 브라운 버터는 종종 다른 요리의 맛을 강화시키기 위해 향을 내는 조미료처럼 사용되곤 한다. 이것은 용해된 버터로 인해 쉽게 만들어지므로 우유 고체는 브라운으로 시작되지만 타지는 않는다. 너무 오랜 시간 가열하면 색이 어두워지고 타며 매우 안 좋은 냄새와 맛을 낸다.

용도 조미료, 향신료

지(버터기름)
Ghee

산지 및 특성 인디아가 근원인 ghee는 강한 맛의 크림에서 만들어진 clarified의 형태를 하고 있다. 크림에서 버터가 된 것이 clarified이며, 이것은 크림화, 강한 향 버터의 결과이다. 발연점이 매우 높아 높은 열로 요리하는 경우에 유용하다.

용도 요리, 빵 굽기 요리의 재료와 소스, 조미료

웨이 버터
(乳漿/유장)
Whey Butter

산지 및 특성 Whey butter는 치즈를 제조하는 동안 치즈 응유에서 배출되는 것이다. Whey에 남아 있는 크림이 분리되어 버터가 만들어진다. Whey 버터는 치즈 향이 나고 소금기가 있어 그다지 매력적이지는 않다.

용도 조미료, 맛을 내는 조미료

코코아 버터
Cocoa Butter

산지 및 특성 코코아 씨에서 얻은 식물성 지방으로 보통 chocolate과 코코아 파우더 제조과정 시 부산물처럼 사용된다. 이것은 많은 요리에 향으로도 사용되고 비누 제조와 로션을 위한 화장품 제조에도 사용되곤 한다. 이것은 포화지방이 매우 높다.

용도 초콜릿, 코코아 파우더 제조, 화장품

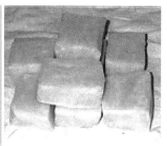

**라드
(돼지지방)
Lard**

산지 및 특성 라드는 돼지고기 지방을 녹인 것으로 부드러운 맛과 좋은 질감을 내기 위해 맑게 한다. 제조 시 표백, 여과하며 수소를 첨가한다. 아주 좋은 질의 콩팥 주위의 지방으로 라드를 생산하며 풍미 있고 바삭하게 만들기 위해 파이를 만들 때 라드를 첨가하기도 한다.

용도 빵 굽기, 튀김

**수이트
(소 지방)
Suet**

산지 및 특성 Suet는 하얀 고체 지방이며 소와 양의 콩팥 주변에서 얻는 것이다. 또한 수지 양초의 제조에 사용되곤 한다. Suet는 인기 있었지만 포화지방과 함께 건강에 문제를 일으키는 것으로 인식되어 인기가 많이 떨어졌다.

용도 전통 영국식 스팀푸딩, 양초

**베지터블
쇼트닝
Vegetable
Shortening**

산지 및 특성 식물성 기름에서 만들어지는 식물성 쇼트닝은 실내온도에서 고체 지방인데 이는 오일에 수소가 첨가되기 때문이다. Lard 같은 식물성 쇼트닝은 빵과 얇은 패스트리 만들 때 아주 유용하게 사용된다.

용도 빵 굽기, 튀김

**마가린
Margarine**

산지 및 특성 마가린은 100년이 넘도록 인기 있는 버터를 대신해 왔다. 버터처럼 마가린은 최소 80%의 지방을 함유해야만 한다. 마가린은 콩기름과 옥수수기름 같은 식물성 기름으로 만드는데 다른 음식물의 냄새를 빨아들이므로 보관할 때에는 아주 꼭 싸거나 덮어놓는다.

용도 요리, 빵 굽기, 양념

**버터 파우더
Butter
Powder**

산지 및 특성 버터를 분말로 만들어서 저장성을 높였고, 운반과 사용이 편리하다.

용도 과자 만들 때나 제과점에서 사용한다.

5) 정제버터(Clarified Butter)

버터 전체를 녹여 우유의 크림성분을 제거하여 정제버터를 만든다. 이것은 rich golden fat 이며 또한 drawn butter로 알려져 있다. 이것은 요리할 때 매우 유용한데 왜냐하면 우유에 들어 있는 유당을 제거하여 일반적인 버터보다 발연점이 매우 높기 때문이다.

우유의 유당을 과다하게 가열했다면 버터 전체가 연기가 나고 탈 수 있다. 우유의 크림성분을 제거하는 것 또한 clarified butter를 버터 전체보다 오래 저장할 수 있게 해준다. Clarified butter는 집에서 쉽게 만들 수 있고 값진 결과를 얻을 수 있다. 조미료 또는 해산물을 위한 디핑 소스처럼 요리에 함께 사용될 때 훌륭한 맛을 제공해 주기 때문이다.

〈정제버터 만드는 방법〉

① Clarified butter를 준비할 때 무가염버터를 사용하는 것이 최상이다. 그래야 마지막 단계에서 소금의 양을 맞출 수 있기 때문이다. 가염된 버터를 사용했을 경우 소금은 버터가 clarified된 후에 함유량이 더욱 농축되기 때문이다. 소금은 항상 제품이 완성된 뒤에 넣을 수 있다. 약한 불로 소스 팬을 따뜻하게 하고 팬에 무가염버터 조각을 넣는다.
② 조각으로 된 것이 하나로 된 큰 막대의 버터보다 더 빠르게 녹을 것이다. 표면에 거품이 다 퍼질 때까지 버터에 열을 가한다.
③ 표면에 있는 거품과 불순물을 제거하기 위해 걷어낸다. 우유 고체는 팬의 아랫부분으로 천천히 가라앉을 것이다.
④ 팬의 아랫부분에 가라앉는 대신 우유 고체가 흩어지기 때문에 버터에 거품이 일어나지 않도록 약한 불에서 한다. 버터 액이 깨끗해질 때까지 계속 제거해 준다. 침전물과 물은 팬 아랫부분으로 내려간다.
⑤ 그것을 부어 넣든, 국자로 푸든 간에 깨끗한 버터액을 팬에서 옮길 때 주의한다. 우유 고체와 물이 팬에 남아 있는지 확인해야 한다. 대략 버터 덩어리의 25%는 clarifying 방법으로 인해 줄어들고 전체 버터의 1파운드는 clarified butter의 3/4pound(12oz) 정도일 것이다. 그러면 보통 버터보다 더 오래 보관할 수 있다.

6) 브라운 버터(Brown Butter)

브라운 버터는 다른 음식의 맛을 강화하기 위해 조미료 양념같이 종종 사용하곤 한다. 이것은 버터를 천천히 녹이면 쉽게 만들어지므로 우유 고체는 브라운색이 되기 시작하지만 타지는 않는다. 버터처럼 열을 가하면 견과류, 혼합 양념과 함께 골든 브라운 액체로 변한다. 만약 너무 오랜 시간 열을 가했다면 색깔이 어두워지기 시작하며 타고 매우 기분 나쁜 냄새와 맛이 난다.

〈브라운 버터 만드는 방법〉

① 브라운 버터를 만들 때 어두운 색보다 밝은색의 금속제품 팬을 사용하는 것이 좋으며, 달라붙지 않는 팬은 버터를 가열하는 동안 색의 변화를 쉽게 관찰할 수 있다. 무가염버터 한 토막을 차가운 saute pan 또는 sauce pan에 넣는다. 브라운 버터를 준비할 때 무가염버터를 사용하는 것이 가장 좋은데 이는 마지막 단계에서 소금의 양을 맞추기 쉽기 때문이다.
② 중간불을 넘어서 버터가 녹기 시작한다. 만약 버터가 너무 빠르게 녹는 것이 보이면 온도를 낮춘다. 버터에서 수분이 증발하기 시작하는 것 같으면 거품이 일기 시작하고 우유 고체는 팬의 바닥으로 가라앉기 시작할 것이다.
③ 표면에 막이 생기면 여과거품과 불순물을 제거한다. 브라운 버터를 준비하는 처음 단계는 clarified butter 준비하는 단계와 비슷하다.
④ 버터가 rich, nutty aroma와 함께 캐러멜색으로 변화하기 시작할 때, 불을 줄여서 버터가 타지 않게 한다. 버터에 알맞은 골든 색깔이 나왔을 때 불에서 팬을 옮기고 10분 동안 차갑게 해준다.
⑤ 버터가 브라운색이 되기 시작할 때 열이 너무 강하면 색이 어두워지거나 빠르게 탈 수 있다. 버터는 빠르게 검어지고 타는 냄새가 날 것이다. 만약 브라운 버터를 만들어본 적이 없다면 그릇 또는 차가운 물을 준비하여 버터의 온도를 빠르게 낮추고 버터가 타는 것을 막기 위해 물속에 팬을 집어넣을 수 있다.
⑥ 브라운 버터는 그대로 사용할 수도 있고, 여기에 더해진 불순물을 제거하기 위해 그물여과기, 치즈를 싸는 종이, 커피필터 등에 여과해서 부을 수도 있다. 브라운 버터는 공기가 새지 않는 용기에 보관한다. 오랜 기간 보관하려면 냉동 저장할 수 있다. 냉동된 브라운 버터를 녹일 때 너무 높은 열로 녹이지 말고 열을 가할 때 조심해야 한다. 냉동된 브라운 버터 역시 낮은 온도의 전자레인지에서 녹일 수 있다.

7) 크림으로 버터 만드는 방법(Butter Making Method from Cream)

신선하고 단 크림버터는 집에서 쉽게 만들 수 있고 집에서 만드는 버터는 식료품점에 나와 있는 버터 고유의 맛보다 훨씬 훌륭하다. 이것은 분명히 값진 노력의 결과이자 재미있는 연구과제이다.

〈손으로 흔들어서 버터 만드는 방법〉

① 버터를 만드는 데 필요한 한 가지 재료는 무겁고 단 크림이다. 크림은 시작하기 전에 잘 냉장되어 있어야만 한다.
② 버터는 수동으로 제조할 수 있다. 크림을 흔들기 위해 큰 병에 넣는다. 병은 잘 냉장된 것인지 확인한다. 냉장된 크림을 병에 붓는다.
③ 뚜껑을 꽉 잠그고 흔든다. 20~30분 정도 계속 흔들면 버터 덩어리들이 형태를 잡기 시작한다. 흔들 때 시간이 많이 걸리기 때문에 이 방법은 버터를 만들 때 인기가 별로 없지만, 아이들에게는 재미있는 놀이가 될 수 있다.

〈기구를 이용하여 버터 만드는 방법〉

① 집에서 버터를 만들 때 좀 더 인기 있는 방법은 믹서기 또는 식품처리장치를 사용하는 것이다. 이것은 손으로 크림을 치는 것보다 시간이 덜 걸린다. 믹서기 또는 식품처리장치 안에 냉장된 크림을 붓는 것으로 시작한다.

② 빠른 속도로 크림을 혼합한다. 크림은 금방 거품이 날 것이고 이 단계 다음에 크림은 더 많이 걸쭉한 농도가 될 것이다.

③ 계속 혼합하면 크림은 다시 묽게 될 것이고 색깔은 하얀색이 아닌 다른 색으로 변하기 시작할 것이다.

④ 액이 나오는 것은 버터지방으로부터 분리되기 시작한 것으로 볼 수 있다. 액체에서 버터지방이 분리될 때까지 계속 혼합해야 하지만 너무 오래 혼합하면 안 된다. 이 색은 다시 바뀐다(sweet cream butter와 함께 결합되어 밝은 노란 색깔을 흔하게 볼 수 있다).

⑤, ⑥ 버터에서 한 번 분리된 버터밀크 액체는 걸러낸다. 버터밀크는 나중에 사용하기 위해 저장해 둘 수 있다.

⑦ 버터를 깨끗한 그릇에 넣고 버터를 가볍게 헹구기 위해 찬물을 부은 뒤 걸러낸다.

⑧ 버터를 찬물에서 걸러낼 때 깨끗한 물이 나올 때까지 계속해서 헹군다.

⑨ 버터를 깨끗한 그릇으로 옮기고 부가적인 액을 짜내기 위해 스푼 뒤쪽으로 버터를 누른다.

⑩ 버터에 있는 액체를 제거한다.

⑪ 원한다면 버터에 소금을 더할 수 있다. 소금은 보존력을 늘려주므로 버터가 오랫동안 신선하게 유지될 수 있도록 도와준다.

⑫ 버터는 용기에 담아 냉장하기 전에 원하는 모양으로 만들어 놓는다.

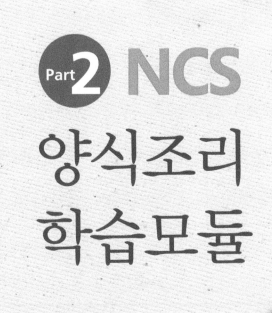

Part **2** NCS
양식조리
학습모듈

Craftsman Cook, Western Food

전채
Appetizer

Shrimp canape
쉬림프카나페

30분

지급재료 목록

- 새우 4마리(30~40g)
- 식빵(샌드위치용) 1조각(제조일로부터 하루 경과한 것)
- 달걀 1개 • 파슬리(잎, 줄기 포함) 1줄기 • 버터(무염) 30g
- 토마토케첩 10g • 소금(정제염) 5g • 흰 후춧가루 2g
- 레몬 1/8개(길이(장축)로 등분) • 이쑤시개 1개
- 당근 15g(둥근 모양이 유지되게 등분) • 셀러리 15g
- 양파(중, 150g) 1/8개

요구사항

※ 주어진 재료를 사용하여 다음과 같이 쉬림프카나페를 만드시오.

❶ 새우는 내장을 제거한 후 미르푸아(Mirepoix)를 넣고 삶아서 껍질을 제거하시오.

❷ 달걀은 완숙으로 삶아 사용하시오.

❸ 식빵은 직경 4cm 정도의 원형으로 하고, 쉬림프카나페는 4개 제출하시오.

📍🥄🍴 만드는 법

❶ 새우는 깨끗이 씻어 내장 제거한 후 끓는 물에 미르푸아(양파 50%, 당근 25%, 셀러리 25%)를 넣고 익혀 식으면 껍질과 꼬리를 제거한다.

❷ 빵은 칼을 이용해서 원형으로 잘라 프라이팬에 버터를 약간 두르고 토스트한다.

❸ 끓는 물에 달걀을 굴려 삶아 노른자가 중심에 오도록 하고 껍질을 벗긴 후 칼로 잘라서 준비한다.

❹ 빵의 한 면에 버터를 바르고 달걀을 놓은 뒤 손질한 새우를 얹고 케첩, 레몬, 소금, 흰 후춧가루로 소스를 만들어 위에 토핑하고 파슬리를 작게 잘라 장식하여 접시에 담는다.

※ 새우가 작을 때는 2~3마리를 포개어 사용할 수도 있고, 크면 갈라서 사용할 수도 있다.

Key Point

• 카나페는 원래 식욕을 돋우기 위해 식전에 먹었던 음식이지만 간단한 칵테일파티에 술안주 용으로도 이용된다.

• 식빵은 원형 틀이 없을 경우 가장자리를 잘 정리해서 둥글게 만든다.

• 새우를 데칠 때 등 쪽의 내장을 제거한 후 끓는 물에 미르푸아(향채, mirepoix)를 넣고 끓여야 비린내가 나지 않는다.

French fried shrimp
프렌치프라이드쉬림프

25분

지급재료 목록

- 새우(50~60g) 4마리 · 밀가루(중력분) 80g · 백설탕 2g
- 달걀 1개 · 소금(정제염) 2g · 흰 후춧가루 2g · 식용유 500ml
- 레몬(길이(장축)로 등분) 1/6개 · 파슬리(잎, 줄기 포함) 1줄기
- 냅킨(흰색, 기름 제거용) 2장 · 이쑤시개 1개

요구사항

※ 주어진 재료를 사용하여 다음과 같이 프렌치프라이드쉬림프**를 만드시오.**

❶ 새우는 꼬리 쪽에서 1마디 정도 껍질을 남겨 구부러지지 않게 튀기시오.

❷ 달걀흰자를 분리하여 거품을 내어 튀김반죽에 사용하시오.

❸ 새우튀김은 4개를 제출하시오.

❹ 레몬과 파슬리를 곁들이시오.

 만드는 법

❶ 새우는 깨끗이 씻어 머리, 내장, 껍질을 제거하고(꼬리는 남긴다), 배 쪽에 2~3회 칼집을 넣은 후 소금, 흰 후추로 간을 한다.

❷ 달걀을 흰자, 노른자로 분리한 후 노른자에 물, 소금, 밀가루, 설탕을 넣고 가볍게 저어 튀김옷(반죽)을 만 든다.

❸ 흰자는 거품을 내어 ②의 반죽에 2~3회 가볍게 섞는다.

❹ 준비된 새우에 밀가루를 묻히고 반죽을 입혀 175℃의 기름에 튀긴 뒤 접시에 담는다(레몬과 파슬리로 장 식한다).

Key Point
· 달걀 흰자 거품을 너무 많이 넣지 않도록 한다.
· 3큰술 정도만 넣고 가볍게 저어준다.

Tuna tartar
참치타르타르

- 붉은색 참치살 80g(냉동 지급) • 양파(중, 150g) 1/8개
- 그린올리브 2개 • 케이퍼 5개 • 올리브오일 25ml • 레몬 1/4개(길이(장축)로 등분)
- 핫소스 5ml • 처빌(fresh) 2줄기 • 꽃소금 5g • 흰 후춧가루 3g
- 차이브(fresh(실파로 대체 가능)) 5줄기 • 롤로로사(lollo rossa) 2잎(꽃(적)상추로 대체 가능)
- 그린치커리 2줄기(fresh) • 붉은색 파프리카(길이 5~6cm, 150g) 1/4개
- 노란색 파프리카(길이 5~6cm, 150g) 1/8개 • 오이(가늘고 곧은 것, 20cm, 길이로 반을 갈라 10등분) 1/10개
- 파슬리(잎, 줄기 포함) 1줄기 • 딜 3줄기(fresh) • 식초 10ml

※ **지참준비물 추가**
- 테이블스푼 2개(커넬용, 머릿부분 가로 6cm, 세로(폭) 3.5~4cm)

요구사항

※ 주어진 재료를 사용하여 다음과 같이 참치타르타르를 만드시오.

❶ 참치는 꽃소금을 사용하여 해동하고, 3~4mm 정도의 작은 주사위 모양으로 썰어 양파, 그린올리브, 케이퍼, 처빌 등을 이용하여 타르타르를 만드시오

❷ 채소를 이용하여 샐러드 부케를 만들어 곁들이시오.

❸ 참치타르타르는 테이블스푼 2개를 사용하여 커넬(quenelle)형태로 3개를 만드시오.

❹ 채소 비네그레트는 양파, 붉은색과 노란색의 파프리카, 오이를 가로세로 2mm의 작은 주사위 모양으로 썰어서 사용하고 파슬리와 딜은 다져서 사용하시오.

![만드는 법] 만드는 법

❶ 냉동참치는 옅은 소금물에 해동시킨 후 종이타월에 감싸서 수분을 제거한다.

❷ 채소를 깨끗하게 씻어서 물에 담가 놓는다.

❸ 참치는 다이스 형태(3~4mm)로 썰어 다진 양파, 다진 케이퍼, 레몬주스, 다진 올리브, 올리브오일, 핫소스, 소금, 후춧가루를 넣고 고르게 버무려 섞는다.

❹ 비네그레트 드레싱 만들기 : 양파, 노란색 파프리카, 붉은색 파프리카, 오이를 2mm 다이스 모양으로 썰고, 둥근 볼에 소금, 후추, 식초, 다진 딜과 파슬리를 넣고 잘 섞은 다음 올리브오일을 서서히 부으면서 거품기로 잘 혼합해 준다.

❺ 양념에 절여놓은 참치는 테이블스푼 2개를 이용하여 둥근 럭비볼 모양을 만든다. 처음 스푼 위에 참치 양념을 얹고, 다른 스푼으로 동그랗게 눌러가며 작은 타원형을 만들면서 스푼 자국이 안 남도록 만들어낸다.

❻ 채소 부케 만들기 : ④에 씻어 놓은 채소를 이용하여 채소 부케를 만든다. 채소의 물기를 제거한 다음, 붉은색 파프리카는 2mm 크기의 채로 썰고, 붉은색 파프리카와 그린비타민, 그린치커리, 롤로로사로 감싸준다. 이때, 그냥 놓으면 흩어지기 때문에 끓는 물에 데쳐낸 차이브(실파)를 이용하여 동그랗게 묶어준다. (오이로 기둥을 만들어 데코해도 됨)

❼ 그릇에 담기 : 그릇에 커넬 모양의 참치 3개를 접시에 둥그렇게 담고 중간지점에 채소 부케(채소다발)를 놓는다. 참치커넬 주변으로 채소 비네그레트 드레싱을 빙 둘러서 뿌린다. 부케 옆에 남은 딜과 처빌을 놓아 장식한다.

Craftsman Cook, Western Food

스톡
Stock

Brown stock
브라운 스톡

30분

지급재료 목록

- 소뼈(2~3cm, 자른 것) 150g
- 양파(중, 150g) 1/2개 • 당근 40g(둥근 모양이 유지되게 등분)
- 셀러리 30g • 검은 통후추 4개 • 토마토(중, 150g) 1개
- 파슬리(잎, 줄기 포함) 1줄기 • 월계수잎 1잎
- 정향 1개 • 버터(무염) 5g • 식용유 50ml • 면실 30cm
- 타임(fresh) 1줄기 • 다시백(10×12cm) 1개

요구사항

※ **주어진 재료를 사용하여 다음과 같이 브라운 스톡을 만드시오.**

❶ 스톡은 맑고 갈색이 되도록 하시오.

❷ 소뼈는 찬물에 담가 핏물을 제거한 후 구워서 사용하시오.

❸ 당근, 양파, 셀러리는 얇게 썬 후 볶아서 사용하시오.

❹ 향신료로 사세 데피스(sachet d'epice)를 만들어 사용하시오.

❺ 완성된 스톡은 200mL 이상 제출하시오.

 만드는 법

❶ 채소는 슬라이스한다.

❷ 소뼈는 찬물에 담가 핏물을 제거한 후 끓는 물에 데친 뒤 갈색이 나도록 프라이팬에 볶는다.

❸ 채소도 갈색으로 프라이팬에 볶는다.

❹ 소스 냄비에 소뼈, 채소를 넣고 찬물을 부어 끓어오르면 국자로 거품을 건져낸다.

❺ 월계수잎, 페페콘, 정향, 파슬리 줄기, 타임을 이용해 향신료 다발을 만들어 넣고 불을 조절하여 약한 불에
서 35분 정도 계속 끓이며 거품과 기름을 수시로 걷어낸다.

❻ 다 되었을 때 고운 천에 거른다.

❼ 마무리하여 용기에 담는다.

> *Key Point*
> • 갈색이 나는 육수의 한 종류로, 소뼈나 채소들을 오븐에서 갈색으로 구워 물을 붓고 푹 끓여
>   서 만드는 것이 원칙이나, 시험장에서는 냄비에 볶아서 사용할 수밖에 없다.
> • 소뼈는 기름기나 핏물을 제거한 후 끓는 물에 데쳐서 사용해야 맑은 육수를 만들 수 있다.

Craftsman Cook,
Western Food

수프
Soup

Beef consomme

비프 콩소메

지급재료 목록

- 소고기(살코기) 70g(간 것) • 양파(중, 150g) 1개
- 당근 40g(둥근 모양이 유지되게 등분) • 셀러리 30g
- 달걀 1개 • 소금(정제염) 2g • 검은 후춧가루 2g • 검은 통후추 1개
- 파슬리(잎, 줄기 포함) 1줄기 • 월계수잎 1잎 • 토마토(중, 150g) 1/4개
- 비프스톡(육수) 500ml(물로 대체 가능) • 정향 1개

요구사항

※ 주어진 재료를 사용하여 다음과 같이 비프 콩소메를 만드시오.

❶ 어니언 브륄레(onion brulee)를 만들어 사용하시오.

❷ 양파를 포함한 채소는 채 썰어 향신료, 소고기, 달걀 흰자 머랭과 함께 섞어 사용하시오.

❸ 수프는 맑고 갈색이 되도록 하여 200ml 이상 제출하시오.

🍴🔪 만드는 법

❶ 채소들을 가늘게 채 썰어준다. 토마토는 껍질과 씨를 제거하고 잘게 다진다.

브라운 스톡

❷ 그릇에 소고기 잘게 썬 것과 양파, 당근, 셀러리, 파슬리 줄기 썬 것, 토마토 잘게 썬 것을 담고 달걀 흰자 거품친 것을 섞어준다.

❸ ②의 브라운 스톡에 ③을 가만히 부어준 후 끓이기 시작한다. (이때 부케가르니도 넣어 준다.) 끓을 때까지 저어주고 끓기 직전에 불을 완전히 줄여서 겨우 끓는 정도로 끓인다.

❹ 위에 뜬 재료를 가운데 구멍을 뚫어 잘 끓을 수 있게 해주면서 중불로 서서히 끓인다.

❺ 국물이 맑은 빛을 띠면 소창에 걸러 소금, 후추로 간을 한다.

❻ 위에 뜬 기름은 거름종이로 거른 뒤 그릇에 담는다.

Key Point

· 재료의 비율이 중요하다. (고기, 부재료, 달걀 흰자양)

· 소고기를 다지면 국물이 뿌옇게 되므로 다지듯 잘게 썬다.

· 흰자 거품을 내어 소고기나 채소를 가볍게 섞어 브라운 스톡에 붓고 약한 불에서 서서히 끓여주는데 가운데 구멍을 약간 내어 잘 끓을 수 있도록 한다.

· 브라운 스톡이 없을 경우 우스터 소스 몇 방울을 떨어뜨려 연한 갈색이 되도록 한다.

Minestrone soup
미네스트로니 수프

 지급재료 목록

- 양파(중, 150g) 1/4개
- 셀러리 30g • 당근 40g(둥근 모양이 유지되게 등분)
- 무 10g • 양배추 40g • 버터(무염) 5g
- 스트링빈스 2줄기(냉동, 채두 대체 가능)
- 완두콩 5알 • 토마토(중, 150g) 1/8개 • 스파게티 2가닥
- 토마토 페이스트 15g • 파슬리(잎, 줄기 포함) 1줄기
- 베이컨(길이 25~30cm) 1/2조각 • 마늘(중, 깐 것) 1쪽 • 소금(정제염) 2g
- 검은 후춧가루 2g • 치킨스톡 200㎖(물로 대체 가능)
- 월계수잎 1잎 • 정향 1개

요구사항

※ 주어진 재료를 사용하여 다음과 같이 미네스트로니 수프를 만드시오.

❶ 채소는 사방 1.2cm, 두께 0.2cm로 써시오.

❷ 스트링빈스, 스파게티는 1.2cm의 길이로 써시오.

❸ 국물과 고형물의 비율을 3:1로 하시오.

❹ 전체 수프의 양은 200ml 이상으로 하고 파슬리 가루를 뿌려내시오.

만드는 법

❶ 채소는 가로세로 1.2㎝, 두께 0.2㎝로 썰어 놓는다.

❷ 베이컨은 데쳐서 기름기를 제거한다.

❸ 파슬리는 다지고 마늘은 납작하게 썬다.

❹ 스파게티는 1.2㎝ 길이로 썬다.

❺ 냄비에 버터를 넣고 가열하여 단단한 베이컨, 채소부터 순서로 넣어 볶은 다음, 토마토 페이스트를 넣고 3~4분간 더 볶다가 화이트 스톡을 넣고 토마토와 마늘, 부케가르니를 넣어 끓이다가 스파게티를 넣고 10분간 더 끓인다.

❻ 소금, 후추를 넣어 간을 맞춘 후 부케가르니를 건져내고 수프를 그릇에 담은 다음, 파슬리 다진 것을 위에 살짝 뿌린다.

Key Point

• 이태리 수프의 한 종류로 채소 수프와 거의 같으며 다른 점은 제일 나중에 파스타(스파게티 국수)를 삶아서 넣어주는데 극히 적은 양이다.

• 파스타는 끓는 물에 식용유 약간과 소금을 넣고 15분 정도 삶아서 냉수에 헹구지 말고 그대로 체에 걸러 사용한다.

• 파스타 양이 적을 경우 수프가 거의 끓을 때 1.2㎝로 잘라 넣어 끓이기도 한다.

Fish chowder soup
피시차우더 수프

지급재료 목록

- 대구살 50g(해동 지급) • 감자(150g) 1/4개
- 베이컨(길이 25∼30cm) 1/2조각 • 양파(중, 150g) 1/6개 • 셀러리 30g
- 버터(무염) 20g • 밀가루(중력분) 15g • 우유 200ml • 소금(정제염) 2g
- 흰 후춧가루 2g • 정향 1개 • 월계수잎 1잎

요구사항

※ 주어진 재료를 사용하여 다음과 같이 피시차우더 수프를 만드시오.

❶ 차우더 수프는 화이트 루(roux)를 이용하여 농도를 맞추시오.

❷ 채소는 0.7cm×0.7cm×0.1cm, 생선은 1cm×1cm×1cm 크기로 써시오.

❸ 대구살을 이용하여 생선스톡을 만들어 사용하시오.

❹ 수프는 200ml 이상으로 제출하시오.

만드는 법

  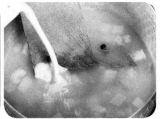

❶ 생선은 1cm 크기로 썰고, 물이 끓으면 생선살은 데쳐내고, 국물은 면포로 밭친 후 스톡으로 사용한다.

❷ 베이컨, 모든 채소는 사방 0.7㎝ 크기, 두께 0.1㎝로 썬다.

❸ 끓는 물에 감자를 살짝 익히고, 베이컨을 데쳐 기름을 뺀다.

❹ 냄비에 약간의 버터를 넣고 양파, 셀러리를 볶으면서, 화이트 루를 만든 후 피시스톡을 넣는다.

❺ ④의 수프 재료들이 끓기 시작하면 준비한 베이컨과 감자, 생선살을 넣고, 우유를 부어 농도를 맞추면서 소금, 흰 후춧가루로 간을 한다.

※ 차우더(Chowder)는 원래 미국에서 생겨난 것으로, 미리 조리한 육류나 생선을 채소와 함께 생선육수와 화이트 루를 넣어 걸쭉하게 끓인 수프이다.

Key Point · 생선수프의 한 종류로 흰살생선을 삶아서 채소와 함께 생선 삶은 국물을 이용해서 화이트 루를 만들어 걸쭉하게 한 후 우유도 넣어 맛과 영양을 잘 살린 수프의 일종이다.
· 1인분의 수프는 200ml 즉, 1컵이다.

French onion soup
프렌치어니언 수프

지급재료 목록

- 양파(중, 150g) 1개 • 바게트빵 1조각 • 버터(무염) 20g
- 소금(정제염) 2g • 검은 후춧가루 1g • 파마산치즈가루 10g
- 백포도주 15ml • 마늘(중, 깐 것) 1쪽 • 파슬리(잎, 줄기 포함) 1줄기
- 맑은 스톡(비프스톡 또는 콩소메) 270ml(물로 대체 가능)

요구사항

※ 주어진 재료를 사용하여 다음과 같이 프렌치어니언 수프를 만드시오.

① 양파는 5㎝ 크기의 길이로 일정하게 써시오.

② 바게트빵에 마늘버터를 발라 구워서 따로 담아내시오.

③ 수프의 양은 200ml 이상 제출하시오.

만드는 법

① 양파는 5㎝ 길이로 아주 얇게 채 썬다.

② 두터운 소스팬에 오일, 버터와 양파를 넣고 중불에서 갈색이 날 때까지 볶는다.

③ 육수를 냄비에 붓고 갈색으로 볶은 양파와 백포도주를 넣고 끓이면서 떠오르는 불순물을 걷어내고 소금, 후추로 간을 한다.

④ 바게트빵은 마늘, 파슬리가루를 섞은 버터를 발라 구워서 따로 담아낸다.

※ 콩소메 육수 미지급 시 물로 대체한다.

콩소메(Consomme) 만들기 재료

• 소고기(살코기) 120g(간 것) • 양파(중, 30g) 1개
• 당근 20g(둥근 모양이 유지되게 등분) • 셀러리 10g, 파슬리 1줄기
• 달걀 1개 • 소금(정제염) 2g • 검은 후춧가루 2g • 검은 통후추 1개
• 파슬리(잎, 줄기 포함) 1줄기 • 월계수잎 1잎 • 토마토(중, 30g) 1/4개
• 비프스톡(육수) 500ml(물로 대체 가능) • 정향 1개

Key Point
• 양파는 약불에서 천천히 볶아야 타지 않게 갈색으로 볶을 수 있다.
• 끓일 때 약불에서 끓여 국물이 탁하지 않게 한다.
• 마늘빵은 제출 직전에 올려 담아낸다.

Potato cream soup
포테이토 크림수프

 지급재료 목록

- 감자(200g) 1개 • 대파(흰 부분 10cm) 1토막
- 양파(중, 150g) 1/4개
- 버터(무염) 15g • 치킨스톡 270ml(물로 대체 가능)
- 생크림(조리용) 20ml • 식빵(샌드위치용) 1조각 • 소금(정제염) 2g
- 흰 후춧가루 1g • 월계수잎 1잎

요구사항

※ 주어진 재료를 사용하여 다음과 같이 포테이토 크림수프를 만드시오.

❶ 크루통(crouton)의 크기는 사방 0.8cm∼1cm로 만들어 버터에 볶아 수프에 띄우시오.

❷ 익힌 감자는 체에 내려 사용하시오.

❸ 수프의 색과 농도에 유의하고 200ml 이상 제출하시오.

🥄 만드는 법

❶ 식빵을 사방 1cm 크기로 썰어 프라이팬에서 갈색으로 구우면서(크루통) 껍질 벗긴 감자는 얇게 썬 후 물에 헹군다.

❷ 양파, 대파는 얇게 썰어 냄비에 버터를 넣고 감자와 함께 볶은 뒤 육수를 붓고 월계수잎을 넣어 뚜껑을 덮고 푹 끓인 다음 월계수잎은 건진다.

❸ 다른 냄비에 익힌 감자를 체에 내려 육수로 농도를 조절하면서 다시 한 번 끓인다.

❹ 생크림에 노른자를 섞어서 농도를 조절한다. 생크림을 넣어 맛을 낸 후 잘 섞어 끓여준다.

❺ 소금, 후추로 간을 한 후 그릇에 담고 크루통을 얹어준다.

Key Point

· 달걀 노른자는 불을 끄고 한 김 나간 후에 넣어야 한다. 그렇지 않으면 익어서 수프가 깔끔하지 못하고 부드럽지도 않다.

· 크루통을 띄울 때 미리 얹으면 수분을 흡수해서 크기가 커지고 수프의 농도가 되직해지며 양이 줄어들기 때문에 제출 직전에 띄워낸다.

Craftsman Cook, Western Food

소스
Sauce

Italian meat sauce
이탈리안 미트소스

30분

지급재료 목록

- 소고기(살코기) 60g(간 것) • 양파(중, 150g) 1/2개
- 마늘(중, 깐 것) 1쪽 • 토마토(캔) 30g • 버터(무염) 10g
- 토마토 페이스트 30g • 셀러리 30g
- 월계수잎 1잎 • 파슬리(잎, 줄기 포함) 1줄기
- 소금(정제염) 2g • 검은 후춧가루 2g

※ 주어진 재료를 사용하여 다음과 같이 이탈리안 미트소스를 만드시오.

❶ 모든 재료는 다져서 사용하시오.

❷ 그릇에 담고 파슬리 다진 것을 뿌려내시오.

❸ 소스는 150ml 이상 제출하시오.

 만드는 법

  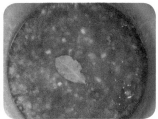

❶ 양파, 파슬리, 셀러리, 마늘, 토마토(캔)의 재료를 적당한 크기로 다진다.

❷ 냄비에 버터와 식용유를 넣고 가열하여 소고기, 마늘, 양파, 셀러리 다진 것을 볶다가 토마토 페이스트를 넣고 좀 더 볶는다.

❸ 다시 비프스톡, 토마토 다진 것, 월계수잎을 넣고 스톡이 거의 다 조려지도록 끓인다.

❹ 월계수잎은 건져내고 소금, 후추로 맛을 조절한 다음 접시에 담는다.

❺ 소스 위에 다진 파슬리가루를 뿌린다.

> *Key Point*
> · 이탈리안 미트소스는 스파게티 요리에 곁들이는 고기소스이다.
> · 토마토는 끓는 물에 데쳐 껍질을 벗긴다.
> · 다진 재료는 수분이 빠져 나올 때까지 볶아준다.

Hollandaise sauce
홀랜다이즈 소스

25분

지급재료 목록

- 달걀 2개 • 양파(중, 150g) 1/8개 • 식초 20ml
- 검은 통후추 3개 • 버터(무염) 200g
- 레몬 1/4개(길이(장축)로 등분) • 월계수잎 1잎
- 파슬리(잎, 줄기 포함) 1줄기
- 소금(정제염) 2g • 흰 후춧가루 1g

요구사항

※ 주어진 재료를 사용하여 다음과 같이 홀랜다이즈 소스를 만드시오.

❶ 양파, 식초를 이용하여 허브에센스(herb essence)를 만들어 사용하시오.

❷ 정제버터를 만들어 사용하시오.

❸ 소스는 중탕으로 만들어 굳지 않게 그릇에 담아내시오.

❹ 소스는 100ml 이상 제출하시오.

만드는 법

❶ 버터를 용기에 담아 중탕으로 녹여 정제버터를 만든다.

❷ 냄비에 레몬 주스, 식초, 통후추, 월계수잎, 파슬리 줄기를 넣고 1/10을 조려 거른다.

❸ 용기에 달걀 노른자를 넣고 레몬즙 1~2방울과 소금, 향신물을 약간 넣고, 마요네즈 만드는 것처럼 녹은 버터를 조금씩 넣어가며 저어 만든다.

❹ 레몬즙, 소금으로 맛을 조절하여 접시에 담아낸다.

※ 이 소스는 연어나 숭어, 넙치, 채소의 아스파라거스, 꽃양배추 등에 곁들여 제공한다.

※ 소스가 되직할 때에는 냄비에 양파, 타라곤, 파슬리나 페퍼콘을 넣어 끓인 물을 조금씩 넣어가며 젓는다.

※ 향채를 끓여 향신즙을 만들어 사용한다.(양파, 통후추, 월계수, 정향, 물 1/3C, 식초 1Ts을 3Ts이 되도록 끓인다.)

Key Point
• 홀랜다이즈 소스는 달걀요리, 생선요리, 육류에 사용한다.
• 달걀 노른자에 버터를 중탕으로 녹인 것을 조금씩 넣어 마치 마요네즈를 만드는 것처럼 거품기로 쳐서 레몬즙과 향신료 주스를 조금 넣고 소금과 후추로 조미한 것이다.

Brown gravy sauce
브라운그래비 소스

30분

- 밀가루(중력분) 20g • 브라운 스톡 300㎖(물로 대체 가능)
- 소금(정제염) 2g • 검은 후춧가루 1g • 버터(무염) 30g
- 양파(중, 150g) 1/6개 • 셀러리 20g
- 당근 40g(둥근 모양이 유지되게 등분) • 토마토 페이스트 30g
- 월계수잎 1잎 • 정향 1개

요구사항

※ 주어진 재료를 사용하여 다음과 같이 브라운그래비 소스를 만드시오.

❶ 브라운 루(Brown Roux)를 만들어 사용하시오.

❷ 채소와 토마토 페이스트를 볶아서 사용하시오.

❸ 소스의 양은 200ml 이상 만드시오.

🥄🍴 만드는 법

❶ 양파, 셀러리, 당근은 채 썰어 버터에 색깔이 나도록 충분히 볶는다.

❷ 냄비에 버터를 넣고 가열하여 밀가루를 넣고 볶아서 브라운 루를 만든다.

❸ ②에 토마토 페이스트를 넣고 볶다가 육수를 붓고 볶은 채소를 넣어 충분히 끓여 거품을 건져서 소금, 후추로 맛을 조절하고 농도를 맞춘다.

■ 브라운 스톡(Brown stock)

소뼈를 갈색이 나도록 오븐구이나 프라이팬에 구워준 후 채소 볶은 것과 함께 찬물을 붓고푹 끓여 거품과 기름을 걷어내고 체에 거즈를 받쳐 맑게 거른 국물이다.

Key
Point

· 그래비란 육즙을 뜻하는 것으로 육류를 철판에 로스트할 때 고이는 짙은 육수를 이용하여 만드는 소스를 그래비 소스라 한다.

· 버터를 녹이고 동량의 밀가루를 넣어 서서히 볶아야 브라운 루를 태우지 않고 볶을 수 있다.

Tartar sauce
타르타르 소스

20분

지급재료 목록

- 마요네즈 70g • 오이피클(개당 25∼30g) 1/2개
- 양파(중, 150g) 1/10개 • 파슬리(잎, 줄기 포함) 1줄기
- 달걀 1개 • 소금(정제염) 2g • 흰 후춧가루 2g
- 레몬(길이(장축)로 등분) 1/4개
- 식초 2ml

※ 주어진 재료를 사용하여 다음과 같이 타르타르 소스를 만드시오.

❶ 다지는 재료는 0.2cm 크기로 하고 파슬리는 줄기를 제거하여 사용하시오.

❷ 소스는 농도를 잘 맞추어 100ml 이상 제출하시오.

만드는 법

❶ 피클 또는 오이피클, 양파, 파슬리는 다져서 소금물에 잠시 담갔다가 물기를 짜서 사용한다.

❷ 삶은 달걀도 흰자, 노른자를 각각 곱게 다진다.

❸ 마요네즈에 ①, ②의 순서대로 재료를 모두 넣고 고루 섞어서 그릇에 담는다.

■ 파슬리가루 만드는 법

　파슬리를 곱게 다져 행주에 싼 다음 찬 냉수에 강한 맛을 우려내고 꼭 짜서 보슬보슬한 가루가 되게 한다.

※ 소스가 묽지 않도록 양파 다진 것은 소금을 약간 넣어 절인 후 거즈에 싸서 물기를 짠다.

Key Point

· 타르타르 소스는 주로 생선요리에 사용되는 소스이다.

· 채소는 다져서 사용하므로 물기가 생기지 않도록 주의한다.

Craftsman Cook, Western Food

샌드위치
Sandwich

Bacon, lettuce, tomato(BLT) sandwich
베이컨, 레터스, 토마토(BLT) 샌드위치

30분

지급재료 목록

- 식빵(샌드위치용) 3조각 • 양상추 20g(2잎, 잎상추로 대체 가능)
- 토마토(중, 150g) 1/2개(둥근 모양이 되도록 잘라서 지급)
- 베이컨(길이 25~30cm) 2조각 • 마요네즈 30g • 소금(정제염) 3g
- 검은 후춧가루 1g

요구사항

※ 주어진 재료를 사용하여 다음과 같이 베이컨, 레터스, 토마토 샌드위치**를 만드시오.**

❶ 빵은 구워서 사용하시오.

❷ 토마토는 0.5cm 두께로 썰고, 베이컨은 구워서 사용하시오.

❸ 완성품은 4조각으로 썰어 전량을 제출하시오.

만드는 법

❶ 빵은 토스트한다. 즉 버터를 바르고 프라이팬에 빵의 양면을 노릇하게 구워 식힌다.

❷ 베이컨은 프라이팬에 살짝 구워 기름기를 빼주고 토마토는 원형으로 슬라이스해서 약간의 소금을 뿌려 둔다.

❸ 빵 한 쪽의 한 면에 버터를 바른 다음 양상추를 얹고 그 위에 베이컨을 얹는다. 양면에 버터 바른 빵 한 쪽에 베이컨을 얹고 양상추, 토마토를 얹은 다음, 한 면에 버터 바른 빵 한 쪽을 덮은 뒤 잠시 살짝 눌렀다가 네 면의 가장자리를 잘라내고 모양 있게 잘라 접시에 담는다.

 Key Point
· 식빵은 팬에 기름을 두르지 않고 토스트한다.
· 샌드위치를 썰 때 빵이 눌리지 않도록 가장자리를 잡고 3~4조각으로 썰어준다.

햄버거 샌드위치

30분

지급재료 목록

- 소고기(살코기, 방심) 100g • 양파(중, 150g) 1개
- 빵가루(마른 것) 30g • 셀러리 30g • 소금(정제염) 3g
- 검은 후춧가루 1g • 양상추 20g(2잎, 잎상추로 대체 가능)
- 토마토(중, 150g) 1/2개(둥근 모양이 되도록 잘라서 지급)
- 버터(무염) 15g • 햄버거빵 1개 • 식용유 20ml • 달걀 1개

요구사항

※ 주어진 재료를 사용하여 다음과 같이 햄버거 샌드위치를 만드시오.

❶ 빵은 버터를 발라 구워서 사용하시오.

❷ 고기에 사용되는 양파, 셀러리는 다진 후 볶아서 사용하시오.

❸ 고기는 미디엄웰던(medium welldon)으로 굽고, 구워진 고기의 두께는 1cm로 하시오.

❹ 토마토, 양파는 0.5cm 두께로 썰고 양상추는 빵 크기에 맞추시오.

❺ 샌드위치는 반으로 잘라 내시오.

만드는 법

  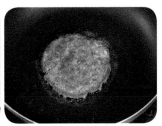

❶ 양파, 셀러리는 곱게 다진 다음 볶아서 식힌다.

❷ 용기에 소고기 간 것, 양파, 셀러리, 빵가루, 달걀, 소금, 후추를 넣고 끈기있게 잘 섞은 후 1cm 두께의 원형으로 만든다.

❸ 빵은 버터를 발라 굽는다.

❹ 프라이팬에 식용유를 두르고 가열한 후 햄버거를 익힌다.

❺ 프라이팬에 양파링과 토마토링을 살짝 굽는다(안 구워도 좋다).

❻ 구운 빵에 양상추, 고기 패티, 양파, 토마토, 빵의 순서로 포갠 후 반으로 잘라 접시에 담는다.

Key Point

· 고기가 익으면 원래 크기보다 줄어들므로 빵 크기보다 크게 하고 두께는 원래보다 구웠을 때 두꺼워지므로 요구사항보다 얇게 빚어둔다.

· 불이 세면 겉만 타고 속은 익지 않으므로 한 면을 익힌 후 뒤집어서 뚜껑을 덮고 약불에서 익혀준다.

Craftsman Cook, Western Food

샐러드
Salad

Waldorf salad
월도프샐러드

20분

지급재료 목록

- 사과(200~250g) 1개 • 셀러리 30g
- 호두(중, 겉껍질 제거한 것) 2개
- 레몬 1/4개(길이(장축)로 등분)
- 흰 후춧가루 1g • 소금(정제염) 2g
- 마요네즈 60g • 양상추 20g(2잎, 잎상추로 대체 가능)
- 이쑤시개 1개

요구사항

※ 주어진 재료를 사용하여 다음과 같이 월도프샐러드를 만드시오.

❶ 사과, 셀러리, 호두알을 사방 1cm의 크기로 써시오.

❷ 사과의 껍질을 벗겨 변색되지 않게 하고, 호두알의 속껍질을 벗겨 사용하시오.

❸ 상추 위에 월도프샐러드를 담아내시오.

만드는 법

❶ 호두는 약간 따뜻한 물에 불려 속껍질을 벗기고 1cm의 주사위 모양으로 자른다.

❷ 셀러리도 껍질을 벗기고 1cm의 주사위 모양으로 자른다.

❸ 사과의 껍질과 속을 제거하여 1cm의 주사위 모양으로 자른 다음, 찬물에 담근 후 레몬즙을 뿌려둔다.

❹ 마요네즈에 레몬즙을 섞어 위의 재료를 모두 넣어 버무린 후 접시에 양상추를 깔고 담는다.

Key Point

• 사과는 썰어 놓으면 변색되므로 이 점에 유념하여 조리한다.

• 호두는 미지근한 물에 불려야 껍질이 잘 벗겨진다.

Potato salad

포테이토샐러드

지급재료 목록

- 감자(150g) 1개 • 양파(중, 150g) 1/6개
- 파슬리(잎, 줄기 포함) 1줄기 • 소금(정제염) 5g • 흰 후춧가루 1g
- 마요네즈 50g

요구사항

※ 주어진 재료를 사용하여 다음과 같이 포테이토샐러드**를 만드시오.**

❶ 감자는 껍질을 벗긴 후 1cm의 정육면체로 썰어서 삶으시오.

❷ 양파는 곱게 다져 매운맛을 제거하시오.

❸ 파슬리는 다져서 사용하시오.

🥄🥄🥄 만드는 법

❶ 감자는 껍질을 벗겨 1㎝의 주사위 모양으로 잘라 삶아서 건져 식힌다.

❷ 양파는 약간의 소금물에 담가 짜고 파슬리는 각각 곱게 다진 다음 소창에 싸서 물에 헹구어 물기를 짠다.

❸ 볼에 위의 재료를 넣고 마요네즈를 넣어 잘 섞어서 접시에 담는다. 파슬리 다진 것을 위에 뿌려준다.

※ 양상추가 나오면 장식으로 사용한다.

※ 파슬리 다진 것은 마요네즈와 섞어주기도 하고 약간은 위에 장식하기도 한다.

Key Point

· 감자 샐러드는 원래 껍질째 찌거나 삶은 뒤 껍질을 벗겨 1cm의 정육면체로 썰어서 사용해야 하지만 빠른 시간에 하기 위해 먼저 껍질을 벗긴 뒤 썰어서 삶는다. 다 삶아지면 여분의 물기를 따라내고 30초 정도만 뚜껑을 닫아서 수분을 제거한 후에 사용한다.

Thousand island dressing
사우전아일랜드 드레싱

지급재료 목록

- 마요네즈 70g • 오이피클(개당 25~30g) 1/2개
- 양파(중, 150g) 1/6개 • 토마토케첩 20g • 소금(정제염) 2g
- 흰 후춧가루 1g • 레몬 1/4개(길이(장축)로 등분) • 달걀 1개
- 청피망(중, 75g) 1/4개 • 식초 10ml

요구사항

※ 주어진 재료를 사용하여 다음과 같이 사우전아일랜드 드레싱**을 만드시오.**

❶ 드레싱은 핑크빛이 되도록 하시오.

❷ 다지는 재료는 0.2cm 크기로 하시오.

❸ 드레싱은 농도를 잘 맞추어 100ml 이상 제출하시오.

만드는 법

 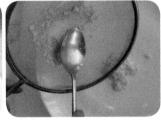 

❶ 양파는 곱게 다져서 준비한다. (소금에 절여 물기를 천에 짜준다.)

❷ 피클과 청피망을 곱게 다진다.

❸ 삶은 달걀은 노른자는 체에 내리고 흰자는 칼로 다진다.

❹ 용기에 마요네즈를 담고 위에 준비한 모든 재료를 넣어 토마토케첩과 함께 골고루 섞는다.

※ 소스의 색은 분홍빛이 되도록 한다.

Key Point

- 마요네즈와 토마토케첩을 3:1로 섞어서 양파, 셀러리, 피클, 올리브, 피망, 파슬리, 삶은 달걀, 레몬 등의 많은 재료를 넣어서 만들었기에 Thousand Island Dressing이라 하였다.
- 주로 채소 샐러드용으로 사용되며 속재료를 너무 많이 넣지 않도록 한다.

※ 마요네즈 1컵이면 삶은 달걀 1/2개만 다져 넣어도 충분하다.

Seafood salad
해산물샐러드

30분

지급재료 목록

- 새우 3마리(30~40g) • 관자살(개당 50~60g) 1개(해동 지급)
- 피홍합(길이 7cm 이상) 3개
- 중합(지름 3cm) 3개(모시조개, 백합 등 대체 가능)
- 양파(중, 150g) 1/4개 • 마늘(중, 깐 것) 1쪽 • 실파(1뿌리) 20g
- 그린치커리 2줄기 • 양상추 10g • 롤로로사(lollo Rossa) 2잎(꽃(적)상추로 대체 가능)
- 올리브오일 20㎖ • 레몬 1/4개(길이(장축)로 등분) • 식초 10㎖ • 딜 2줄기(fresh)
- 월계수잎 1잎 • 셀러리 10g • 흰 통후추 3개(검은 통후추 대체 가능)
- 소금(정제염) 5g • 흰 후춧가루 5g • 당근 15g(둥근 모양이 유지되게 등분)

※ 주어진 재료를 사용하여 다음과 같이 해산물샐러드를 만드시오.

❶ 미르푸아(mirepoix), 향신료, 레몬을 이용하여 쿠르부용(court bouillon)을 만드시오.

❷ 해산물은 손질하여 쿠르부용(court bouillon)에 데쳐 사용하시오.

❸ 샐러드 채소는 깨끗이 손질하여, 싱싱하게 하시오.

❹ 레몬 비네그레트는 양파, 레몬즙, 올리브오일 등을 사용하여 만드시오.

🍴🍳 만드는 법

❶ 그린치커리, 롤로로사, 양상추, 그린비타민을 깨끗하게 씻어서 물에 담가 놓는다.

❷ **쿠르부용 준비하기**

양파, 당근, 셀러리, 파슬리 줄기, 흰 통후추, 소금, 딜 줄기, 월계수잎, 레몬, 물 300㎖ 정도를 넣고 냄비에 끓인다.

❸ 관자는 껍질과 내장을 제거하고 냉동을 사용할 경우 거의 손질이 되어 있기 때문에 그냥 사용해도 된다. 홍합은 껍데기에 붙어 있는 흡착이를 제거한다.

❹ 쿠르부용(채소육수)에 해산물 새우, 관자를 반쯤 잠기게 한 다음 먼저 살짝 데친 다음 꺼내서 식힌 뒤 피홍합과 중합을 데친다. 살짝 데쳐 익힌 다음 꺼내서 식힌다.

❺ **레몬 비네그레트 드레싱 준비하기**

볼에 레몬즙을 넣고, 다진 마늘, 다진 딜, 식초, 소금, 후춧가루를 거품기로 저으면서 잘 섞은 다음, 올리브오일을 조금씩 천천히 부어주면서 거품기로 잘 섞이도록 혼합한다.

❻ 데친 관자, 새우는 적당한 크기로 3등분한다. 중합과 홍합에서 껍질을 제거한 다음 드레싱을 붓고 잘 버무린다.

❼ **채소 부케 만들기** : 롤로로사를 접시 위쪽에 놓고 양상추를 손으로 3~4cm 크기로 뜯어 위에 놓는다. 그 위에 그린비타민, 그린치커리를 놓는다. 채소 위에 드레싱에 버무린 해산물샐러드를 놓는다.

Caesar salad
시저샐러드

35분

지급재료 목록

- 달걀(60g) 2개(상온에 보관한 것) • 디종 머스터드 10g • 레몬 1개
- 로메인 상추 50g • 마늘 1쪽 • 베이컨(규격 25~30cm), 1조각
- 앤초비 3개 • 올리브오일(extra virgin) 20ml • 카놀라오일 300ml
- 식빵(슬라이스) 1쪽 • 검은 후춧가루 5g
- 파르미지아노 레지아노 20g(덩어리)
- 화이트 와인식초 20ml • 소금 10g

요구사항

※ 주어진 재료를 사용하여 다음과 같이 시저샐러드**를 만드시오.**

❶ 마요네즈(100g 이상), 시저드레싱(100g 이상), 시저샐러드(전량)를 만들어 3가지를 각각 별도의 그릇에 담아 제출하시오.

❷ 마요네즈(mayonnaise)는 달걀 노른자, 카놀라오일, 레몬즙, 디종 머스터드, 화이트 와인식초를 사용하여 만드시오.

❸ 시저드레싱(caesar dressing)은 마요네즈, 마늘, 앤초비, 검은 후춧가루, 파르미지아노 레지아노, 올리브오일, 디종 머스터드, 레몬즙을 사용하여 만드시오.

❹ 파르미지아노 레지아노는 강판이나 채칼을 사용하시오.

❺ 시저샐러드(caesar salad)는 로메인 상추, 곁들임(크루통, 1cm×1cm), 구운 베이컨(폭 0.5cm), 파르미지아노 레지아노), 시저드레싱을 사용하여 만드시오.

만드는 법

❶ 로메인 상추는 물에 담가 준비한 후 수분을 제거하여 먹기 좋은 크기로 손으로 뜯어서 준비한다.

❷ 마늘과 앤초비는 다져서 준비한다.

❸ 식빵은 1cm의 정사각형으로 썬 후 버터를 녹이고 프라이팬에 넣어 갈색으로 크루통을 만든다.

❹ 베이컨은 1cm 크기로 잘라서 중불에 프라이팬을 올려 베이컨의 기름을 빼고 키친타월에 올려 기름을 빼준다.

❺ 달걀은 흰자와 노른자를 분리한 후 볼에 달걀 노른자 2개와 분량의 디종 머스터드와 레몬즙을 넣어 휘핑하고 카놀라오일을 나누어 한 방향으로 300ml를 넣어 휘핑한 후 화이트 와인식초를 넣어 마요네즈를 완성한다.

❻ ⑤에서 완성된 마요네즈 100g 이상을 제시하고 남은 마요네즈에 마늘, 앤초비, 검은 후추를 넣어 시저드레싱을 완성한다.

❼ 볼에 시저드레싱과 먹기 좋은 크기로 뜯은 로메인 상추 그리고 크루통과 볶은 베이컨, 후추를 버무려 완성하여 그릇에 담고 파르미지아노 레지아노를 갈아서 완성하여 제출한다.

Craftsman Cook, Western Food

조식
Breakfast

Spanish omelet
스페니시오믈렛

30분

지급재료 목록

- 달걀 3개
- 토마토(중, 150g) 1/4개 • 양파(중, 150g) 1/6개
- 청피망(중, 75g) 1/6개 • 양송이(10g) 1개
- 베이컨(길이 25~30cm) 1/2조각
- 토마토케첩 20g • 검은 후춧가루 2g • 소금(정제염) 5g
- 달걀 3개 • 식용유 20ml • 버터(무염) 20g • 생크림(조리용) 20ml

요구사항

※ **주어진 재료를 사용하여 다음과 같이** 스페니시오믈렛**을 만드시오.**

❶ 토마토, 양파, 청피망, 양송이, 베이컨은 0.5cm의 크기로 썰어 오믈렛 소를 만드시오.

❷ 소가 흘러나오지 않도록 하시오.

❸ 소를 넣어 나무젓가락과 팬을 이용하여 타원형으로 만드시오.

만드는 법

❶ 달걀에 소금, 생크림을 넣고 부드럽게 풀어 체에 걸러준다.

❷ 껍질과 씨를 제거한 토마토와 베이컨, 양파, 청피망, 양송이를 0.5cm의 주사위 모양으로 각각 썬다.

❸ 냄비에 버터를 넣고 가열한 다음 베이컨을 넣고 볶다가 채소를 넣고 볶은 다음 토마토 페이스트(케첩), 소금, 후추를 넣는다.

❹ 프라이팬에 식용유, 버터를 넣고 가열한 다음 풀어놓은 달걀을 넣고 스크램블드에그처럼 젓가락으로 휘젓다가 ③의 볶은 재료를 넣고 프라이팬을 두드려 가면서 오믈렛을 만든다.

Key Point
· 스페인식 달걀요리로 속재료인 베이컨, 채소들을 볶다가 토마토케첩이나 페이스트를 넣고 소금, 후추로 간한 것을 달걀말이 속에 넣고 오믈렛 모양으로 만든 아침식사의 일종이다.

Cheese omelet
치즈오믈렛

지급재료 목록

- 달걀 3개 • 치즈(가로세로 8cm) 1장 • 버터(무염) 30g • 식용유 20ml
- 생크림(조리용) 20ml • 소금(정제염) 2g

요구사항

※ 주어진 재료를 사용하여 다음과 같이 치즈오믈렛을 만드시오.

❶ 치즈는 사방 0.5cm로 자르시오.

❷ 치즈가 들어간 것을 알 수 있도록 하고, 익지 않은 달걀이 흐르지 않도록 만드시오.

❸ 나무젓가락과 팬을 이용하여 타원형으로 만드시오.

🍴 만드는 법

❶ 달걀에 소금, 생크림을 넣고 부드럽게 풀어 체에 걸러준다.

❷ 치즈를 0.5cm의 크기로 자른다.

❸ 프라이팬에 식용유와 버터를 넣고 달구어지면 ②를 넣어 젓가락으로 휘저어 부드러운 스크램블드에그가 되도록 익힌 후 오믈렛으로 말아 접시에 담는다.

※ 생크림은 달걀과 섞어서 사용한다.

Key Point

· 아침식사의 일종으로 달걀말이 속에 치즈를 잘게 썰어 오믈렛 모양을 만들기도 하고 달걀물과 섞어서 만들기도 한다. 속재료 없이 만드는 것을 플레인(Plain) 오믈렛이라 한다.

· 속은 촉촉하되 달걀물이 흐르면 안 된다.

Craftsman Cook,
Western Food

육류
Meat

Chicken a'la king
치킨알라킹

30분

지급재료 목록

- 닭다리(한 마리 1.2kg, 허벅지살 포함 반 마리 지급 가능) 1개
- 청피망(중, 75g) 1/4개 • 홍피망(중, 75g) 1/6개
- 양파(중, 150g) 1/6개 • 양송이 20g(2개) • 버터(무염) 20g
- 밀가루(중력분) 15g • 우유 150ml • 정향 1개 • 생크림(조리용) 20ml
- 소금(정제염) 2g • 흰 후춧가루 2g • 월계수잎 1잎

요구사항

※ 주어진 재료를 사용하여 다음과 같이 치킨알라킹을 만드시오.

❶ 완성된 닭고기와 채소, 버섯의 크기는 1.8cm×1.8cm로 균일하게 하시오.

❷ 닭뼈를 이용하여 치킨육수를 만들어 사용하시오.

❸ 화이트 루(roux)를 이용하여 베샤멜 소스(bechamel sauce)를 만들어 사용하시오.

만드는 법

  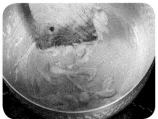

❶ 닭고기는 포를 떠서 살만 발라낸 뒤 껍질을 버리고 살은 사방 1.8cm 크기로 썰어서 닭뼈와 정향, 월계수 잎, 물 2컵을 이용해서 만든 치킨스톡(chicken stock)에 익혀낸다.

❷ 양송이는 웨지 4각으로 썰고 양파와 청·홍피망은 1.8㎝의 크기로 자른 다음 버터에 살짝 볶는다.

❸ 냄비에 버터를 녹여 밀가루를 넣고 화이트 루를 만든 다음 우유를 넣어 화이트 소스를 만들고, 필요하면 치킨스톡(chicken stock)을 더 넣어 맛을 조절한다.

❹ 익힌 닭고기, 양송이, 청·홍피망, 정향을 소스에 넣고 끓여준 후 소금, 후추로 간한 다음 접시에 담는다.

Key Point

• 베샤멜, 벨루테 소스의 농도에 주의한다.

• a'la King은 왕처럼이란 뜻으로 아마도 왕이 먹던 요리가 아닌가 싶다.

• 중요한 것은 닭고기를 쪄서 해야 한다는 것이다. 그래야 부드럽게 먹을 수 있다. 기구가 없을 경우 삶아서 사용해도 된다.

Chicken cutlet
치킨 커틀릿

 지급재료 목록

- 닭다리(한 마리 1.2kg, 허벅지살 포함 반 마리 지급 가능) 1개
- 달걀 1개 • 밀가루(중력분) 30g • 빵가루(마른 것) 50g
- 소금(정제염) 2g • 검은 후춧가루 2g • 식용유 500ml
- 냅킨(흰색, 기름 제거용) 2장

요구사항

※ 주어진 재료를 사용하여 다음과 같이 치킨 커틀릿을 만드시오.

❶ 닭은 껍질째 사용하시오.

❷ 완성된 커틀릿의 색에 유의하고 두께는 1cm로 하시오.

❸ 딥팻후라이(deep fat frying)로 하시오.

 만드는 법

❶ 닭을 깨끗이 손질하여 뼈를 발라내고 얇게 저며(1cm) 소금, 후추로 간을 한다.

❷ 닭고기에 밀가루, 달걀, 빵가루의 순서로 튀김옷을 입힌다.

❸ 160~180℃ 온도의 식용유에 황금색으로 튀겨낸다. Deep fat frying한다.

※ 커틀릿이란 육류나 생선을 얄팍하게 포를 뜬 후 밀가루, 달걀물, 빵가루를 입혀 기름에 튀겨내는 요리이다.

Key Point
· 커틀릿은 주재료에 따라 이름이 달라진다.
· 두께가 너무 두꺼우면 타기 쉽다.
· 닭고기를 손질할때는 두들겨주면서 칼끝으로 찔러 힘줄을 끊어야 튀겼을때 오그라들지 않는다.

Beef stew
비프스튜

40분

지급재료 목록

- 소고기(살코기) 100g(덩어리)
- 당근 70g(둥근 모양이 유지되게 등분) • 양파(중, 150g) 1/4개
- 셀러리 30g • 감자(150g) 1/3개 • 마늘(중, 깐 것) 1쪽
- 토마토 페이스트 20g • 밀가루(중력분) 25g • 버터(무염) 30g
- 소금(정제염) 2g • 검은 후춧가루 2g • 파슬리(잎, 줄기 포함) 1줄기
- 월계수잎 1잎 • 정향 1개

요구사항

※ 주어진 재료를 사용하여 다음과 같이 비프스튜를 만드시오.

❶ 완성된 소고기와 채소의 크기는 1.8cm의 정육면체로 하시오.

❷ 브라운 루(Brown roux)를 만들어 사용하시오.

❸ 파슬리 다진 것을 뿌려 내시오.

◼◼◼ 만드는 법

❶ 소고기는 1.8㎝의 정육면체로 썰고, 채소도 같은 크기로 썰어 모서리를 다듬고, 마늘은 다진다.

❷ 팬에 버터를 두르고 소금, 후추로 간한 밀가루를 살짝 묻혀 소고기를 갈색이 나게 볶은 뒤 마늘, 채소를 넣고 볶아서 준비한다.

❸ 팬에 버터, 밀가루를 넣고 볶아 브라운 루를 만든다.

❹ ③에 토마토 페이스트를 넣어 살짝 볶고 브라운 스톡을 조금씩 넣으면서 풀어주고 볶은 채소와 소고기를 넣고 부케가르니를 넣어 끓인다(중간에 거품을 제거한다).

❺ 다 끓으면 소금, 후추로 간을 하고 부케가르니를 건져낸 후 그릇에 담고 파슬리가루를 뿌려준다.

Key Point

· 질긴 부분의 고기를 부드럽게 만든 stew를 채소와 함께 볶다가 토마토 페이스트를 넣고 고기의 느끼한 맛을 없앤다.

· 채소나 고기의 크기가 큼직해서 오래 끓여주는 음식이지만 시험시간의 관계로 작은 크기로 썰었다. 원래는 소고기 사태나 양지를 사용한다.

Salisbury steak
살리스버리 스테이크

(40분)

지급재료 목록

- 소고기(살코기) 130g(간 것) • 양파(중, 150g) 1/6개
- 달걀 1개 • 우유 10ml • 빵가루(마른 것) 20g • 소금(정제염) 2g
- 검은 후춧가루 2g • 식용유 150ml • 감자(150g) 1/2개
- 당근 70g(둥근 모양이 유지되게 등분)
- 시금치 70g • 백설탕 25g • 버터(무염) 50g

※ 주어진 재료를 사용하여 다음과 같이 살리스버리 스테이크를 만드시오.

❶ 살리스버리 스테이크는 타원형으로 만들어 고기 앞, 뒤의 색을 갈색으로 구우시오.

❷ 더운 채소(당근, 감자, 시금치)를 각각 모양 있게 만들어 곁들여 내시오.

🍳🍴 만드는 법

❶ 감자는 두께 1㎝, 길이 4~5㎝로 썰어 소금물에 삶아 물기를 빼고 기름에 노릇노릇하게 튀긴다.

❷ 양파는 곱게 다진 뒤 볶아서 식힌다.

❸ 그릇에 소고기 간 것, 양파, 빵가루, 우유, 달걀, 소금, 후추를 넣고 잘 섞이도록 치대어 타원형으로 만든다.

❹ 프라이팬이 뜨거워지면 식용유를 두르고 소고기 등심을 넣어 앞뒤로 갈색이 나게 잘 익힌다.

❺ 당근은 비시(Vichy) 스타일로 썰어, 냄비에 버터를 넣고 당근, 설탕, 스톡을 넣고 졸여서 즙이 거의 없도록 글레이징한다.

❻ 시금치는 다듬어 데쳐서 식힌 뒤 물기를 짜고 다진 양파와 함께 볶는다.

❼ 접시에 스테이크를 담고, 감자튀김, 시금치볶음, 당근찜을 곁들여 담는다.

Key Point

• 햄버거 스테이크와 다른 점은 모양이 타원형이라는 것이다.

• 팬에서 익힐 때 한 면만 색을 내고 뒤집어서 뚜껑을 닫아 열을 차단시켜 중불에서 서서히 익힌다.

• 반죽은 오래 치대어 끈기가 있어야 익혔을 때 부서지지 않는다.

Sirloin steak
서로인 스테이크

지급재료 목록

- 소고기(등심) 200g(덩어리) • 감자(150g) 1/2개
- 당근 70g(둥근 모양이 유지되게 등분) • 시금치 70g • 소금(정제염) 2g
- 검은 후춧가루 1g • 식용유 150ml • 버터(무염) 50g • 백설탕 25g
- 양파(중, 150g) 1/6개

요구사항

※ 주어진 재료를 사용하여 다음과 같이 서로인 스테이크를 만드시오.

❶ 스테이크는 미디엄(medium)으로 구우시오.

❷ 더운 채소(당근, 감자, 시금치)를 각각 모양 있게 만들어 함께 내시오.

🍴 만드는 법

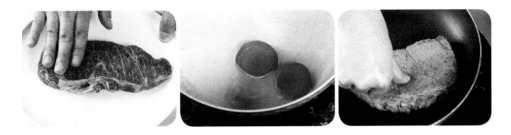

❶ 감자는 두께 1㎝, 길이 4~5㎝ 정도로 썰어(프렌치 모양) 삶은 후 물기를 빼서 기름에 노릇노릇하게 튀긴다.

❷ 시금치는 다듬어 데쳐서 식힌 뒤 물기를 짜서 다진 양파와 함께 볶는다.

❸ 당근은 비시(Vichy) 스타일로 썰어, 냄비에 버터를 넣고 당근, 설탕, 스톡을 넣고 졸여서 즙이 거의 없도록 글레이징한다.

❹ 소고기 등심에 소금, 후추로 간을 한 후 팬에 식용유와 버터를 넣고 프라이팬이나 오븐에 갈색이 나도록 구워 접시에 담는다.

❺ 접시에 서로인 스테이크를 담고, 감자튀김, 시금치버터볶음, 비시 당근을 곁들여 담는다.

Key Point

• Steak는 서양요리에서 빼놓을 수 없는 주요리다. 부위에 따라 맛이 다르지만 개인의 취향에 따라 선택하면 된다.

• Medium으로 익히기에 가운데를 약간 덜 익히는 것이 좋다.

Barbecued pork chop
바비큐 폭찹

40분

지급재료 목록

- 돼지갈비(살두께 5cm 이상, 뼈를 포함한 길이 10cm) 200g
- 토마토케첩 30g • 우스터 소스 5ml • 황설탕 10g
- 양파(중, 150g) 1/4개 • 소금(정제염) 2g • 검은 후춧가루 2g
- 셀러리 30g • 핫소스 5ml • 버터(무염) 10g • 식초 10ml
- 월계수잎 1잎 • 밀가루(중력분) 10g
- 레몬 1/6개(길이(장축)로 등분) • 마늘(중, 깐 것) 1쪽
- 비프스톡(육수) 200ml(물로 대체 가능) • 식용유 30ml

요구사항

※ 주어진 재료를 사용하여 다음과 같이 바비큐 폭찹을 만드시오.

❶ 고기는 뼈가 붙은 채로 사용하고 고기의 두께는 1cm로 하시오.

❷ 양파, 셀러리, 마늘은 다져 소스로 만드시오.

❸ 완성된 소스는 농도에 유의하고 윤기가 나도록 하시오.

만드는 법

❶ 돼지갈비는 물에 깨끗이 씻은 후 기름을 제거하고 힘줄, 뼈와 살이 붙어 있는 곳에 칼집을 넣어 소금, 후추를 뿌려 밀가루를 묻힌 후 프라이팬에서 갈색이 나도록 굽는다.

❷ 마늘, 양파, 셀러리는 곱게 다진다.

❸ 냄비를 뜨겁게 한 후 버터를 넣고 양파, 셀러리를 볶은 후 토마토케첩, 우스터 소스, 황설탕, 식초, 핫소스를 넣고 끓으면 돼지갈비를 넣고 푹 익힌다.

❹ 익힌 돼지갈비를 접시에 담고 소스의 기름을 걷어낸 뒤 농도와 맛을 다시 조절하여 갈비 위에 끼얹는다.

Key Point

· 바비큐는 원래 통째로 구워먹는 요리라는 의미가 있지만 크게 분류하면 실내 바비큐와 실외 바비큐로 나누어진다.

· 바비큐 폭찹은 실내 바비큐이다. 팬에 고기를 구워 지방질을 빼내고 토마토케첩과 설탕, 식초, 채소 등을 넣고 끓여서 구워진 고기를 조려낸 요리다.

Craftsman Cook,
Western Food

파스타
Pasta

Spaghetti carbonara
스파게티 카르보나라

지급재료 목록

- 스파게티 면(건조 면) 80g · 올리브오일 20ml · 버터(무염) 20g
- 생크림 180ml · 베이컨(길이 25~30cm) 1조각 · 달걀 1개
- 파마산치즈가루 10g · 파슬리(잎, 줄기 포함) 1줄기
- 소금(정제염) 5g · 검은 통후추 5개 · 식용유 20ml

요구사항

※ 주어진 재료를 사용하여 다음과 같이 스파게티 카르보나라를 만드시오.

❶ 스파게티 면은 al dente(알 덴테)로 삶아서 사용하시오.

❷ 파슬리는 다지고 통후추는 곱게 으깨서 사용하시오.

❸ 베이컨은 1cm 정도 크기로 썰어, 으깬 통후추와 볶아서 향이 잘 우러나게 하시오.

❹ 생크림은 달걀 노른자를 이용한 리에종(liaison)과 소스에 사용하시오.

 만드는 법

❶ 파슬리는 다지고, 통후추는 으깨고, 베이컨은 1cm 정도의 크기로 썰어 놓는다.

❷ 끓는 물에 식용유와 소금을 넣고 스파게티 면을 삶은 후 소스에 넣고 섞어준다.

❸ 팬에 버터를 넣고 ①의 기름을 제거한 베이컨과 통후추를 넣고 볶다가 ②의 스파게티 면을 넣고 같이 볶아준다.

❹ 달걀 노른자와 휘핑크림으로 리에종을 만든다.

❺ ④에 휘핑크림을 넣고 끓으면 리에종을 넣고 소스 농도를 조절하여 소금으로 간을 맞춘 후 파마산치즈가루와 다진 파슬리를 넣고 가볍게 섞어 완성한다.

❻ 소스에 파스타를 넣고 섞어준 다음 접시에 담는다.

> **Key Point**
> 스파게티 면은 가운데 흰 실선이 남아 약간 덜 익은 상태로 삶는다. 많이 익으면 오히려 글루텐성분이 소화에 지장을 주므로 덜 익혀 먹는 것이다.

Seafood spaghetti tomato sauce
토마토소스 해산물 스파게티

지급재료 목록

- 스파게티 면(건조 면) 70g • 토마토(캔)(홀필드, 국물 포함) 300g
- 마늘 3쪽 • 양파(중, 150g) 1/2개 • 바질(신선한 것) 4잎
- 파슬리(잎, 줄기 포함) 1줄기 • 방울토마토(붉은색) 2개
- 올리브오일 40ml • 새우(껍질 있는 것) 3마리
- 모시조개(지름 3cm) 3개(바지락 대체 가능) • 오징어(몸통) 50g
- 관자살(50g) 1개(작은 관자 3개) • 화이트 와인 20ml
- 소금 5g • 흰 후춧가루 5g • 식용유 20ml

요구사항

※ **주어진 재료를 사용하여 다음과 같이** 토마토소스 해산물 스파게티**를 만드시오.**

❶ 스파게티 면은 al dente(알 덴테)로 삶아서 사용하시오.

❷ 조개는 껍질째, 새우는 껍질을 벗겨 내장을 제거하고, 관자살은 편으로 썰고, 오징어는 0.8cm x 5cm 크기로 썰어 사용하시오.

❸ 해산물은 화이트 와인을 사용하여 조리하고, 마늘과 양파는 해산물 조리와 토마토소스 조리에 나누어 사용하시오.

❹ 바질을 넣은 토마토소스를 만들어 사용하시오.

❺ 스파게티는 토마토소스에 버무리고 다진 파슬리와 슬라이스한 바질을 넣어 완성하시오.

🍴 만드는 법

❶ 조개는 껍질째, 새우는 껍질과 내장을 제거하고, 관자살은 편으로 썰고, 오징어는 0.8cm x 5cm 크기로 썰어서 준비한다.

❷ 팬에 올리브오일, 다진 마늘과 양파를 넣어 볶고 으깬 토마토를 넣고 끓이다가 바질과 소금을 넣고 농도를 맞춘다.

❸ 팬에 올리브오일, 다진 마늘과 양파를 볶고 해산물을 넣고 볶다가 소금과 후추, 화이트 와인을 넣는다.

❹ 끓는 물에 식용유와 소금을 넣고 스파게티 면을 삶은 후 올리브오일에 버무려 식힌다.

❺ 바질은 슬라이스하고, 방울토마토는 4~6등분으로 썰고, 마늘, 양파, 파슬리는 다지고, 토마토 홀은 으깬다. 토마토소스에 스파게티 면을 섞다가 다진 파슬리와 슬라이스한 바질을 넣어 완성한다.

❻ 접시에 담아서 완성한다.

Key Point
• 해산물을 넣고 볶다가 소금, 후추 간을 하고 화이트 와인으로 플랑베(flambé)해서 와인 향을 제거하면 신맛이 없어진다.

참고문헌

강무근 외, 서양요리, 예문사, 2002.

경영일, 맛있게 배우는 서양요리, 광문각, 2005.

김기영 외, 서양조리실무론, 성안당, 2000.

김기영, 호텔주방관리론, 백산출판사, 2000.

나영선, 호텔서양 조리입문, 백산출판사, 1996.

롯데호텔 조리직무교재, 1995.

박상욱 외, 서양요리 이론과 실제, 형설출판사, 2004.

신라호텔 조리직무교재, 1995.

오석태 외, 서양조리학개론, 신광출판사, 2002.

전희정 외, 단체급식관리, 교문각, 1999.

최수근, 최수근의 서양요리, 형설출판사, 1996.

최수근, 프랑스요리의 이론과 실제, 형설출판사, 1999.

호텔 인터콘티넨탈 조리직무교재, 1993.

Allen Z. Reich, The Restaurant Operators Manual, Van Nostard Reinhold, 1989.

Paul Bouse, New Professional Chef, CIA, 2002.

Sarah R. Labensky and Alan M. Hause, On Cooking, Prentice-Hall, 1995.

Walker Hill, Celadon Restaurant Manual, Sheraton, 1997.

Wayne Gisslen, Professional Cooking, Wiley, 2003.

임성빈

· 고려대학교 이학 석사
· 세종대학교 조리학 박사
· 대한민국 조리 명인
· No. 1 조리기능장
· 기술지도사
· WACS "A"LEVEL 세계요리 올림픽, 월드컵 국제심사위원
· 음식평론가 회장
· 한국조리사협회 수석부회장
· 요리국가대표 단장, 감독
· 조리기능장회 회장
· 호텔신라 프렌치레스토랑 총주방장
· VIP, 국왕, 대통령, 수상 등 전담조리사
· 조리기능장 심사위원
· 한국기능대회 출제 검토 심사위원

표창

· 대통령, 국회의장, 문체부장관, 농림수산식품부장관
  서울시장, 보건복지부장관, 서울 경찰청장, 식약청장
· 현) 한국외식산업학회 회장
· 현) 한국조리학회 학술부회장
· 현) 백석예술대학교 외식산업학부 교수
· 현) 요리국가대표 수석부단장

저자와의
합의하에
인지첩부
생략

최신 기초서양조리

2022년 12월 5일 초판 1쇄 인쇄
2022년 12월 10일 초판 1쇄 발행

지은이 임성빈
펴낸이 진욱상
펴낸곳 백산출판사
교 정 성인숙
본문디자인 신화정
표지디자인 오정은

등 록 1974년 1월 9일 제406-1974-000001호
주 소 경기도 파주시 회동길 370(백산빌딩 3층)
전 화 02-914-1621(代)
팩 스 031-955-9911
이메일 edit@ibaeksan.kr
홈페이지 www.ibaeksan.kr

ISBN 979-11-6639-280-1 93590
값 20,000원